Der Businessplan

Konzept, Finanzplan, Präsentation

Sandra Bonnemeier

C.H.BECK

So nutzen Sie dieses Buch

Die folgenden Elemente erleichtern Ihnen die Orientierung im Buch:

Beispiele

In diesem Buch finden Sie zahlreiche Beispiele, die die Ausführungen illustrieren, und Übungen, die Ihnen den Sprung in die Praxis erleichtern.

Definitionen

Hier werden Begriffe erläutert.

Die Merkkästen enthalten Empfehlungen und hilfreiche Tipps.

Auf den Punkt gebracht

Am Ende jedes Kapitels finden Sie eine kurze Zusammenfassung des behandelten Themas.

Inhalt

Einleitung

Sie möchten ein Unternehmen gründen, übernehmen oder erweitern? Sie benötigen dafür einen professionellen Businessplan? Sie suchen nach verständlichen Informationen und möchten Ihren Businessplan mit möglichst wenig Aufwand erstellen?

Dann haben Sie mit diesem Büchlein die richtige Wahl getroffen. Es kann und will Ihnen das Planen nicht abnehmen. Es hilft aber dabei, Ihre Pläne in die richtige Form zu bringen.

Wer plant, will damit gedanklich eine stets ungewisse Zukunft vorwegnehmen – so gut und soweit das überhaupt möglich ist. Wer plant, kann Risiken frühzeitig erkennen und sie vermeiden oder mindestens Strategien entwickeln, damit aus Risiken keine (existenziellen) Krisen werden.

Es kann sein, dass man Ihnen sagt: „Den Businessplan liest niemand (vollständig)." Das kann auch stimmen, je nach Vorhaben, Situation und Anliegen. Potenzielle Kapitalgeber bestehen aber in der Regel darauf. Ob sie ihn dann auch immer vollständig lesen, ist eine andere Frage. Es gibt zwar Alternativen zum Starten und Wachsen mit einem Businessplan. Aber:

Es gibt keine vernünftige Alternative zu einem **planvollen** Start und Wachstum. Auch hier ist ein strukturierter Businessplan eine wertvolle Hilfe, denn: Gut geplant ist halb gewonnen!

In diesem Sinne wünsche ich Ihnen in jeder Hinsicht Gewinn-bringendes für all Ihre großen und kleinen Zukunftspläne!

Gut geplant ist halb gewonnen

Nicht mehr. Nicht weniger. Ein guter Plan ist nicht alles, aber eine planlose Gründung ist nichts. Jedenfalls nichts, womit Sie Kapitalgeber überzeugen können, und auch nichts, was langfristig realistische Erfolgschancen hat.

Ein Unternehmen zu gründen ist mitunter sehr einfach und geht schnell. Eine Gewerbeanmeldung ist eine Sache von fünf Minuten. Kosten: etwa 20 Euro. Ein Unternehmen lang-fristig erfolgreich zu führen ist aber ungleich anspruchsvoller.

Natürlich können Sie jede Reise im Leben spontan und ohne Vorbereitung antreten. Vielleicht und mit viel Glück wird es sogar eine angenehme Reise mit netten Wegbegleitern, die Sie an Orte führt, an denen es Ihnen gut gefällt – nach dem Motto: Der Weg ist das Ziel.

Wer sich nicht auf sein Glück allein verlassen will, wird seine Ziele und die Wege, die dorthin führen, jedoch vor Antritt der Reise auswählen; ebenso wie die Reisebegleiter und das Budget.

Eine Reiseplanung ist noch keine Garantie dafür, wirklich wohlbehalten am Ziel anzukommen und dort sein Glück zu finden. Es erhöht aber die Chancen deutlich. Genauso ist es mit dem Businessplan.

Ein Businessplan bietet keine Erfolgsgarantie, erhöht aber die Erfolgschancen deutlich und minimiert die Risiken.

Wann brauche ich einen Businessplan und wozu?

Businesspläne entstehen entweder freiwillig und vorausschauend oder auf mehr oder weniger sanften Druck, etwa weil die Bank das verlangt.

Sie können sicher sein, dass Sie zwingend einen überzeugenden, schriftlichen Businessplan benötigen, wenn Sie

- aus der Arbeitslosigkeit heraus gründen und dafür eine Förderung beantragen möchten,

- im geschäftlichen Zusammenhang einen Bankkredit benötigen – ganz gleich, wofür (Gründung, Wachstum, Unternehmensübernahme, Folgeinvestitionen, Überbrückung von temporären Engpässen usw.),

- andere potenzielle Geldgeber überzeugen möchten (Business Angels oder andere Investoren, auch Lieferanten etc.),

- sich an Wettbewerben, wie z. B. Businessplanwettbewerben, beteiligen möchten, etwa um Geld- oder Sachpreise, Marketingunterstützung oder begleitende Beratung zu erhalten,

- eine öffentliche Förderung nutzen und z. B. Investitionszuschüsse beantragen wollen,

- in einer wirtschaftlich schwierigen Situation Ihr Unternehmen umstrukturieren wollen oder müssen und/oder

- einen Börsengang planen.

Zusätzlich ist ein Businessplan zumindest sehr nützlich, wenn Sie

- wichtige Schlüsselkunden/Referenzkunden überzeugen möchten,

- Kooperationspartner benötigen,

- in einem bestehenden Unternehmen neue Produkte einführen wollen,

- zusätzliche Zielgruppen, Geschäftsfelder und/oder neue Märkte erschließen wollen,

- Ihr Unternehmen übergeben/verkaufen wollen oder auch

- als noch recht junges Unternehmen sehr qualifizierte Mitarbeiter benötigen, die Sie von den Zukunftschancen Ihres noch nicht etablierten Unternehmens erst überzeugen müssen.

Ein strukturierter Businessplan wird Ihnen immer dabei helfen,

- Ihre Gedanken zu ordnen,

- mögliche Risiken frühzeitig zu erkennen,

- existenzielle Risiken zu vermeiden,

- von anderen Risiken nicht überrascht zu werden und ihnen nicht hilflos ausgeliefert zu sein, weil sie schon Strategien zum Umgang damit geplant und ggf. auch einen „Plan B" entwickelt haben,

- nichts Entscheidendes zu vergessen und

- die typischen, häufigsten Fehler zu vermeiden.

Wer kann mir helfen?

Eines vorweg: Vielleicht benötigen Sie gar keine Hilfe, sondern können ohne Weiteres einen 1A-Businessplan selbst erarbeiten. Trotzdem ist es sinnvoll, Beratung in Anspruch zu nehmen.

> Hören Sie sich mindestens ein bis zwei externe Meinungen an, z.B. von Mitarbeitern der Startercenter, einer Kammer und/oder der zuständigen Wirtschaftsförderung. Das kostet nichts, kann aber viel bringen.

Sie selbst sind natürlich vollkommen überzeugt, bestenfalls sogar begeistert von Ihrem Vorhaben. Das muss auch so sein! Wie sonst sollten Sie andere überzeugen und begeistern können, wenn Sie selbst nicht überzeugt und begeistert sind?

Allerdings liegt es in der Natur der Sache oder besser: des Menschen, dass man in eigenen Belangen nicht der objektivste Betrachter ist. Es besteht immer die Gefahr, die eigenen Pläne zu sehr durch die rosarote Brille zu sehen.

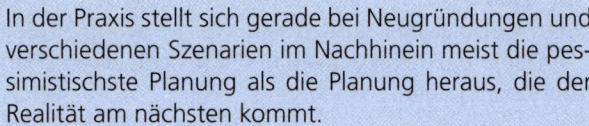

In der Praxis stellt sich gerade bei Neugründungen und verschiedenen Szenarien im Nachhinein meist die pessimistischste Planung als die Planung heraus, die der Realität am nächsten kommt.

Schon deshalb ist es sinnvoll, zusätzlich zur eigenen Meinung oder der enger Vertrauter noch andere Meinungen zu hören.

Dabei sind nicht nur „Expertenmeinungen" hilfreich, sondern auch und vielleicht gerade die Meinung potenzieller Kunden. Andere Perspektiven helfen, klarer zu sehen und Risiken zu erkennen. Sie können außerdem dabei helfen, vielleicht unentdeckte Chancen zu erkennen und diese zu nutzen.

Die Sache mit dem Vertrauen

Eine häufige „Vertrauensfrage" lautet: Kann ich meine Geschäftsidee vor Nachahmung schützen?

Klare Antwort: Nein! Das können Sie nicht. Im Gegenteil. Gute Ideen finden immer und meist auch sehr schnell Nachahmer. Wahrscheinlicher ist es ja ohnehin, dass Sie mit Ihrem Vorhaben ebenfalls irgendwo „inspiriert" worden sind – und das ist absolut in Ordnung.

Was Sie schützen können, wenn die Voraussetzungen vorliegen, ist z. B. Ihr Logo, Ihren Firmennamen usw., nicht aber den Businessplan und Ihre Geschäftsidee an sich.

Auf einen „Copyrightvermerk" können Sie getrost verzichten, weil Sie sich ohnehin immer auf Ihr Urheberrecht berufen können, wenn Sie Ihren Businessplan selbst geschrieben haben, vielleicht eigene Bilder etc. eingefügt haben. Dazu bedarf es keiner Vermerke, Erklärungen oder besonderer Hinweise.

Wenn Sie Ihren Businessplan mit öffentlichen Stellen besprechen, können Sie i. d. R. Vertraulichkeit voraussetzen. Keine öffentliche Beratungseinrichtung wird sich diesbezügliche Indiskretionen nachsagen lassen wollen. Vertrauen ist schließlich die Basis der Arbeit dieser Stellen. Das Gleiche gilt auch für andere Berater. Vertrauen ist eine ganz wesentliche Geschäftsgrundlage und potenzielle Nachahmer auf der Beraterseite kaum zu befürchten.

Es gibt eine Vielzahl kostenfreier und/oder geförderter Beratungsangebote, die Sie bei Ihrem Businessplan in der einen oder anderen Weise unterstützen können, wie zum Beispiel:

- Wirtschaftsförderungsamt Ihrer Kommune oder Region

- Kammern (Industrie- und Handelskammern, Handwerkskammern, Ärztekammern etc.)

- Verbände (z. B. Einzelhandelsverband)

- Institut für Freie Berufe

- StarterCenter und andere öffentliche Beratungseinrichtungen

- Wirtschaftsvereinigungen, Unternehmervereine und Ähnliches

Aus Fehlern lernt man! Ganz besonders komfortabel lernt man aus den Fehlern anderer. Nutzen Sie die Erfahrungen Dritter und machen Sie keinen vermeidbaren Fehler selbst.

Die Struktur Ihres Businessplans im Überblick

Ein guter erster Eindruck

Es gibt keine zweite Chance für einen guten ersten Eindruck – das gilt auch für Ihren Businessplan.

Es versteht sich (fast) von selbst, dass Ihr Businessplan schon optisch einen guten ersten Eindruck machen sollte. Er ist manchmal das Erste, was Entscheidungsträger von Ihnen bzw. Ihrem Vorhaben zu Gesicht bekommen, wenn Sie z. B. Ihren Businessplan vor einem persönlichen Termin bei einem Kreditinstitut einreichen.

Man kann einen Businessplan mit einer Bewerbung vergleichen: Wenn schon der erste optische Gesamteindruck nicht stimmt, wird sich niemand mehr die Mühe machen, die Bewerbung bzw. Ihren Businessplan zu lesen. Sie bewerben sich auch oder besser: Sie werben um Vertrauen, um Zeit, ernsthafte Auseinandersetzung mit Ihren Plänen usw.

> Klemmen oder heften Sie Ihren Businessplan in eine stabile Mappe. Das wirkt schon gleich viel ansprechender als z. B. eine „Lose-Blatt-Sammlung".

Fertigen Sie ein Deckblatt an – ansprechend, geschmackvoll, seriös.

Sofern (schon) vorhanden, verwenden Sie das Firmenlogo oder einen ersten Entwurf davon, den Namen und die vollständige Anschrift inklusive Ihrer Kontaktdaten. Das reicht. Weniger ist manchmal mehr.

Der genaue Inhalt Ihres Businessplans und die Schwerpunkte sind dann je nach Vorhaben natürlich unterschiedlich. Wenn Sie z. B. ein bestehendes Unternehmen übernehmen wollen, sollte Ihnen Ihr Vertragspartner aussagefähige Zahlen zur Verfügung stellen, auf deren Basis Sie planen können. Wollen Sie ein Unternehmen neu gründen, können Sie in allen Punkten nur so gut wie möglich planen und im besten Fall auf Erfahrungswerte und Branchendaten zurückgreifen. Wer einen Businessplan im Zuge einer geplanten Expansion schreibt, muss ganz andere Schwerpunkte setzen als jemand, der sich in der Krise Gedanken um die Fortführung und Neuausrichtung zur Bestandssicherung des Unternehmens macht.

So unterschiedlich die Schwerpunkte auch sein mögen – im Aufbau und in der Struktur Ihres Businessplans können Sie sich immer hieran orientieren:

Inhaltsverzeichnis

Ein Inhaltsverzeichnis ist ein Zeichen der Höflichkeit und des Respekts vor der Zeit des Lesers. Das Inhaltsverzeichnis erlaubt ein schnelles Auffinden bestimmter Punkte und gezieltes Lesen und macht es somit dem Leser leichter.

Zusammenfassung

In einer Zusammenfassung am Anfang Ihres Businessplans bringen Sie Ihr Vorhaben und die wichtigsten Argumente für dessen Umsetzung auf den Punkt.

Die Idee

Im Anschluss an die Zusammenfassung umreißen Sie Ihre Idee. Beantworten Sie hier kurz, prägnant und überzeugend die wichtigsten W-Fragen zu Ihrer Idee: Wer (Person/en) macht was (Vorhaben), wo (Standort), wie (Umsetzung), wann (Startzeitpunkt) und weshalb (die wichtigsten Argumente für das Vorhaben)?

Der Standort als Erfolgsfaktor

Beschreiben Sie dann das „Wo", so gut es geht. Der Standort kann für ein Vorhaben völlig nebensächlich, aber auch erfolgsentscheidend sein. Ein mittelmäßig geführtes Geschäft kann an einem perfekt geeigneten Standort sehr erfolgreich sein, während auch die beste Idee und der kompetenteste Inhaber an einem falschen Standort schnell scheitern können. Wenn es noch keine konkrete „Adresse" gibt, ist das kein Problem. Beschreiben Sie dann den Standort möglichst genau anhand von Kriterien wie z. B. gut frequentierte Lage, Industriegebiet mit guter Autobahnanbindung, Gewerbegebiet im Ballungsraum mit einem Einzugsgebiet von … etc.

Markt und Wettbewerb

Markt und Wettbewerb haben viel mit dem Standort zu tun, weil es hier um den für Sie relevanten Markt geht, die Kunden in diesem Markt und die Konkurrenten. Wer sind Ihre Kunden? Wer sind Ihre Konkurrenten? Wie ist die Marktsituation insgesamt und wie sind die Aussichten?

Marketing und Selbstmarketing

Beim Punkt (Selbst-)Marketing geht es um die zentrale Frage: Wie kommen Sie an Kunden? Wie bringen Sie also Ihre Produkte oder Dienstleistungen an den Mann, an die Frau, an das Unternehmen oder an die Institution?

Wie schaffen Sie es, überhaupt einen „Fuß in die Tür" zu bekommen, sprich: in den Markt zu kommen trotz in der Regel zahlreicher Konkurrenten? Wie gewinnen und wie halten Sie Kunden?

Gut organisiert starten

Beschreiben Sie, wie Sie sich Ihre Organisation vorstellen. Wer ist die Person, wer sind die Personen hinter der Idee? Wer macht was und was qualifiziert die Person/en dafür? Brauchen Sie (zusätzliche) Mitarbeiter? Wenn ja, welche Qualifikationen müssen sie mitbringen und werden Sie diese Mitarbeiter bekommen (und bezahlen können)?

Rechtsform und mehr

Beschreiben Sie z. B. im Falle einer Neugründung oder Um-
strukturierung die gewählte Rechtsform inklusive einer Be-
gründung für die Entscheidung. In ausnahmslos allen Fällen
beinhalten Vorhaben, für die Sie einen Businessplan brauchen, auch weitere rechtliche Aspekte wie z. B. notwendige
Genehmigungen oder auch den Schutz geistigen Eigentums.
Diese werden leider nur allzu oft ausgeblendet und führen
später zu vermeidbaren Problemen, unliebsamen Überraschungen und schlimmstenfalls zum Scheitern.

Chancen, Risiken, Zukunftsaussichten

Es dürfte Ihnen relativ leicht von der Hand gehen, die Chancen zu formulieren, die mit Ihrer Idee verbunden sind. Warum sonst sollten Sie viel Zeit, Energie und i. d. R. auch Geld
investieren?

Schwieriger wird es schon bei den Risiken, aber auch diese
und zumindest eine Strategie zum Umgang mit den existenziellen Risiken gehören in den Businessplan.

Unter dem Strich sollten natürlich die Chancen überwiegen
und das Vorhaben positive Zukunftsaussichten bieten.

Der Zahlenteil

Der Zahlenteil ist ein unverzichtbarer Bestandteil Ihres Businessplans. Bei vielen Klein- und Kleinstgründungen wird
auch im Zusammenhang mit Förderanträgen schon mal „ein
Auge zugedrückt", wenn der ein oder andere Punkt noch
nicht ganz ausgereift beschrieben ist. Bei den Zahlen gibt es

jedoch i. d. R. kein Pardon. Es muss klar und nachvollziehbar sein, dass Ihr Vorhabe eine Chance hat und voraussichtlich rentabel sein wird – vielleicht nicht sofort, aber in absehbarer Zeit.

Privatentnahmen

„Was gehen Fremde meine privaten Finanzen an?" mögen Sie vielleicht denken. Nichts. Es sei denn, die „Fremden" sind potenzielle Geldgeber. Es geht hier nicht um Indiskretion, sondern darum zu erkennen, ob Ihr privater Lebensunterhalt inklusive der sozialen Absicherung auf angemessenem Niveau gewährleistet ist.

Rentabilitätsplan

In Ihrem Rentabilitätsplan stellen Sie dar, wie rentabel Ihr Vorhaben ist oder eben auch nicht. Letzteres ist insbesondere in der Gründungsphase oder im Zusammenhang mit Produktentwicklungen zunächst eher die Regel als die Ausnahme. Es geht um das planmäßige betriebswirtschaftliche Ergebnis Ihres Vorhabens bezogen auf mindestens ein Jahr, eher drei oder sogar fünf Jahre, je nach Größenordnung Ihrer Pläne.

Liquiditätsplan

Im Liquiditätsplan geht es nicht um das betriebswirtschaftliche Ergebnis und nicht um Jahres-, sondern um Monatswerte und um die Frage: Sind Sie tatsächlich jederzeit liquide, also „flüssig"?

Kapitalbedarf und Finanzierung

Sehr stark vereinfacht könnte man den Punkt „Kapitalbedarf" Ihre unternehmerische „Einkaufsliste" nennen, in die
sämtliche Investitionen in Sachen, aber auch zum Beispiel
alle Dienstleistungen gehören, die Sie extern „einkaufen"
müssen wie z. B. Steuer- oder Rechtsberatung.

Im Finanzierungsplan stellen Sie dar, wie Sie Ihre „Einkäufe"
finanzieren wollen und können.

Es geht hier also um Mittelherkunft und -verwendung. Wo
soll das Geld herkommen und was haben Sie damit vor?

Anhang

Der Anhang ist kein „Muss". Er könnte Dokumente enthalten wie z. B. Lebensläufe, Patente, sogenannte „Letters of
intent" (Absichtserklärungen) potenzieller Kunden, Kooperationspartner und Ähnliches.

Ein Wort zum Umfang

Es gibt keine klaren Vorgaben für den Umfang – außer bei
manchen Wettbewerben.

Zwar ist es durchaus anspruchsvoll, einen Kiosk zu eröffnen,
weil es auch hier betriebswirtschaftlich, rechtlich und steuer-
lich eine Menge zu beachten gibt. Dennoch ist das Vorhaben
nicht vergleichbar mit dem Börsengang einer etablierten
Aktiengesellschaft, die etwa als Global Player weltweit tätig
ist. So individuell wie das Vorhaben muss auch der Businessplan sein. Er sollte in jeder Hinsicht zu Ihren Plänen passen.
Viele Existenzgründer kommen mit Plänen im Umfang von

15 bis 20 Seiten bestens zurecht und können alle nötigen Stellen damit überzeugen. Bei Kleinstgründungen reicht oft auch schon deutlich weniger aus. Auf jeden Fall gilt: Qualität geht vor Quantität.

Auf den Punkt gebracht

Beim Businessplan geht Qualität vor Quantität. Die meisten Vorhaben kann man inklusive Zahlenteil auf 15 bis 20 Seiten gut und schlüssig beschreiben. Es gibt keine klaren formellen Vorgaben. Wichtig ist, dass alle relevanten und hier beschriebenen Inhalte enthalten sind.

Und jetzt nehmen wir und die einzelnen Teile Ihres Businessplans noch einmal etwas genauer unter die Lupe:

Der Textteil Ihres Businessplans

1. Teil: Die Zusammenfassung

Die Zusammenfassung Ihres Vorhabens ist der Einstieg in Ihren Businessplan – aber nur für den Leser. Sie selbst können nicht mit diesem Kapitel anfangen, weil Sie die Kernaussagen Ihres Konzepts, also die wichtigsten Argumente dafür, i. d. R. noch nicht formulieren können, bevor das Konzept „steht".

Ziel der Zusammenfassung ist es, das Interesse Ihrer Leser zu wecken und sie zum Weiterlesen zu bewegen.

> **Beispiel: Ein guter Businessplan ist wie ein gutes Buch**
>
> *Stellen Sie sich vor, Sie nehmen in einer Buchhandlung ein Buch in die Hand, das Sie interessiert. Wahrscheinlich lesen Sie zuerst den Klappentext und entscheiden dann (meist unbewusst), ob sie noch ein bisschen in dem Buch herumblättern und mehr erfahren wollen, ob Sie es sofort kaufen oder es wieder ins Regal stellen, weil die Beschreibung Sie nicht anspricht.*
>
> *So ähnlich ist es mit der Zusammenfassung in Ihrem Businessplan. Der Leser soll interessiert weiterblättern und Ihnen im Ergebnis Ihre Idee „abkaufen".*

Machen Sie es Ihrem Leser also so leicht wie möglich und schreiben Sie eine Zusammenfassung, die ihm gar keine andere Möglichkeit lässt als weiterzulesen.

Die Zusammenfassung soll

• nicht alle Fragen beantworten, sondern verständlich auf den Punkt bringen, warum Ihre Idee ein Erfolg werden wird, und

• weiteres Interesse wecken bzw. vorhandenes Interesse aufrechterhalten.

Dazu fassen Sie die wichtigsten Aussagen aus den einzelnen Kapiteln zusammen und nennen die wesentlichen Eckdaten in Zahlen, insbesondere wie hoch der Kapital- und der Fremdfinanzierungsbedarf sind und bis wann Sie welche Gewinnziele planmäßig erreichen wollen.

Auf den Punkt gebracht

Die Zusammenfassung steht am Anfang Ihres Businessplans, entsteht aber erst, wenn Sie Ihren gesamten Businessplan ausformuliert haben. Dann können Sie kurz und prägnant darstellen, worum es bei Ihrem Vorhaben geht.

---

2. Teil: Die Idee

Beschreiben Sie Ihre Idee verständlich und zeigen Sie auf, dass Sie damit Geld verdienen können, weil Ihr Produkt bzw. Ihre Dienstleistung in jeder Hinsicht marktgerecht ist.

Es macht natürlich einen Unterschied, ob Sie z.B. Ihr Unternehmen erweitern oder ob Sie z.B. ein Unternehmen neu gründen wollen. Im ersten Fall wird es Ihnen wahrscheinlich ziemlich leichtfallen, Ihre Idee, deren Sinn usw. zu beschreiben. Vermutlich müssen Sie dann allenfalls aufpassen, dass

Sie in Ihrer Begeisterung nicht über das Ziel hinausschießen und zu viel, zu detailliert und zu sehr mit Fachbegriffen gespickt schreiben. Darunter leidet die Leserfreundlichkeit und Sie wollen dem Leser ja eine Unterstützung Ihres Vorhabens so leicht wie möglich machen.

Schwerer ist es für Existenzgründer, die komplett neu starten wollen. Wer bei Null anfängt, kann in aller Regel in zwei, drei Sätzen die Gründungsidee erklären. Alles Weitere ist aber eine Menge (Kopf-)Arbeit. Aller Anfang ist schwer!

Ganz besonders, wenn man mit vollem Kopf vor einem leeren Blatt sitzt. Dann hilft Ihnen vielleicht folgender Tipp:

Am besten, Sie schreiben einfach erst einmal drauflos und notieren, was Ihnen zu Ihrem Produkt oder Ihrer Dienstleistung einfällt. Das muss ganz und gar nicht perfekt sein. Das dürfen gern auch zunächst nur Stichworte sein und/oder ganz spontane, „verrückte" Ideen. Sie werden jetzt erst einmal vieles schreiben und immer wieder ändern, ergänzen und anpassen, bis Ihr Businessplan perfekt ist. Keine Sorge: In diesem Stadium können Sie gar nichts falsch machen.
Ein Tipp zum leichten Einstieg: Orientieren Sie sich einfach an den W-Fragen: Wer macht was, wie, wo, wann und warum?

So bringen Sie die ersten – möglicherweise noch unvollständigen – Sätze zu Papier. Dann geht es weiter – und es wird konkreter:

• Welches Produkt/welche Produkte oder welche Leistung/en wollen Sie anbieten?

- Wem wollen Sie das anbieten (Hauptzielgruppen)?
- Warum sollten die Menschen/Unternehmen Ihnen Ihr Produkt oder Ihre Leistung abkaufen?
- Was ist so gut daran?
- Warum sollten sie ausgerechnet bei Ihnen Kunde werden (in der Regel gibt es ja mehr als genug Konkurrenten)?
- Was können Sie besser als andere?
- Was macht Sie und Ihr Angebot besonders?

Wenn Sie sich mit diesen Fragen intensiv beschäftigen, werden Sie merken, wie Ihre Idee dabei reift und was noch nicht ganz „rund" ist.

Viele Gründer kommen besser damit zurecht, das Kapitel „Idee" nicht gleich am Anfang fertigzustellen, sondern zunächst ein paar Eckdaten aufzuschreiben und sonst das Kapitel erst ganz zum Schluss zu schreiben. Wenn das Konzept „steht" ist es oft einfacher, auch die wichtigsten Argumente dafür kurz, knapp und überzeugend in einem Kapitel auf den Punkt zu bringen.

Die Person(en) hinter der Idee

Sie können Ihrer Person oder den handelnden Personen ein eigenes Kapitel im Businessplan widmen. Je nach Vorhaben, Komplexität, Anzahl der Gründerpersonen etc. ist das sinnvoll. Sie können auf die wichtigsten Punkte eingehen und z. B. einen Lebenslauf dem Anhang beifügen. Wichtig ist es, nachvollziehbar zu vermitteln, dass und warum Sie für Ihr Vorhaben qualifiziert sind: fachlich und persönlich.

Das ist gar nicht so einfach. Die erste Frage lautet: Welche Qualifikationen und Eigenschaften sind überhaupt nötig, um das geplante Vorhaben erfolgreich umsetzen zu können?

Grundsätzlich kann jeder ein Geschäft eröffnen. Wenn die Rahmenbedingungen stimmen und auch noch das nötige Quäntchen Glück hinzukommt, kann das ohne Weiteres funktionieren. Vielleicht planen Sie aber auch, sich z. B. mit persönlichen Dienstleistungen selbstständig zu machen oder etwas anderes zu tun, wobei Sie darauf angewiesen sind, immer wieder neue Kunden zu gewinnen. Dann sieht die Sache schon ganz anders aus und kann ungleich anspruchsvoller sein.

Es ist immer anspruchsvoll, ein Unternehmen dauerhaft erfolgreich zu führen, allerdings besonders schwierig, wenn Sie keine Produkte vorzeigen können, die der Kunde sinnlich wahrnehmen kann. Ein Produkt, das man sehen, schmecken, riechen oder anfassen kann, überzeugt viel schneller als eine erklärungsbedürftige Dienstleistung. Im Einzelhandel stehen z. B. Ihre Produkte im Vordergrund. Sind diese gut, der Standort ebenfalls und der Preis in Ordnung, ist das bereits mehr als „die halbe Miete". Wollen Sie Dienstleistungen verkaufen, reicht das längst nicht aus. Dann brauchen Sie noch viele andere Talente, um überhaupt mit potenziellen Kunden ins Gespräch zu kommen.

Stellen Sie sich also zunächst selbstkritisch, aber auch wohlwollend und realistisch drei Fragen und beantworten diese für sich:

• Was (und wie stark) sind meine Motive bzw. meine Beweggründe?

- Welche Stärken bringe ich mit, um mein Vorhaben erfolgreich umsetzen zu können?

- Was sind meine Schwächen?

Eine starke Eigenmotivation ist unverzichtbar. Der beste Businessplan kann eine zu geringe Motivation nicht ausgleichen. An fast allem anderen können Sie arbeiten. Stehen Sie nicht uneingeschränkt hinter Ihrem Vorhaben und sind Sie nicht zu einem hohen Einsatz für die Umsetzung bereit, stehen die Erfolgschancen nicht gut. Spätestens bei den ersten Rückschlägen besteht die große Gefahr, dass Sie vorzeitig aufgeben. Die benötigte Anlaufzeit ist nicht zu unterschätzen und vielfach scheitern gute Ideen daran, dass Gründer das Geschäft aufgeben, bevor Erfolg überhaupt eintreten kann.

Ohne eine ausgeprägte Eigenmotivation bleibt alles halbherzig und kostet nur unnötig Zeit, Energie und Geld.

Bei den Stärken und Schwächen geht es nur um solche, die das Vorhaben unterstützen und zum Erfolg führen oder es gefährden können.

Was braucht also ein erfolgreicher Unternehmer im Allgemeinen? Um es gleich vorweg zu sagen: Das kann (noch) niemand abschließend sagen.

Es gibt bereits einiges an Literatur dazu und das Thema wird auch wissenschaftlich untersucht. Natürlich wäre es sehr hilfreich, wenn z. B. Kreditgeber durch eine Art „Persönlichkeitstest" bereits im Vorfeld erfahren könnten, ob das Gründungsvorhaben eine realistische Erfolgschance hat oder nicht. So einfach ist es aber nicht.

Es gibt Gemeinsamkeiten in den Persönlichkeitsmerkmalen besonders erfolgreicher Unternehmer, aber auch erhebliche

Unterschiede. Es stellt sich auch die Frage: Was ist Erfolg überhaupt?

Vielleicht wollen Sie gar kein Weltimperium aufbauen? Vielleicht wollen Sie „nur" raus aus der Arbeitslosigkeit? Vielleicht wollen Sie im Nebenberuf selbstständig arbeiten um Beruf und Familie bestmöglich in Einklang zu bringen? Brauchen Sie dann die Eigenschaften eines Donald Trump oder eines Bill Gates? Wäre das für Ihr spezielles Vorhaben vielleicht sogar kontraproduktiv?

Sie sehen: Pauschale Antworten auf die Frage nach den „wichtigsten" oder den „richtigen" Unternehmereigenschaften kann man zumindest hinterfragen.

Es geht um **Ihr** Vorhaben und die Frage, ob Sie für dieses individuelle Vorhaben alles mitbringen, was Sie benötigen und – falls nicht – ob bzw. wie Sie eventuelle Defizite kompensieren können.

Die unten stehende Checkliste aus meinem „Praxisratgeber Existenzgründung" (4. Aufl., Beck-Wirtschaftsberater im dtv), der sich allen Fragen rund um den Businessplan und die geplante Selbstständigkeit sehr ausführlich widmet, soll Ihnen bei der Selbsteinschätzung und der Vorbereitung Ihres Businessplans helfen.

Sie können in die Checkliste z. B. zuerst Ihre Persönlichkeitsmerkmale und Fähigkeiten eintragen und dann Beispiele dafür angeben, worin sich diese Fähigkeiten zeigen oder wo Sie diese schon unter Beweis stellen konnten.

Das Ausfüllen der Checkliste ist auch eine gute Vorbereitung auf ein späteres Bankgespräch, weil der Sachbearbeiter unter Umständen nach Ihren Fähigkeiten und Ihren praktischen

Erfahrungen fragen wird. Beurteilen Sie Ihre Fähigkeiten dann mithilfe des Schulnotensystems von sehr gut (1) bis ungenügend (6). Ergänzen Sie die Liste ggf. um zusätzliche Qualifikationen. Denken Sie hierbei auch an Kenntnisse und Fähigkeiten, die mit Ihrer Existenzgründung auf den ersten Blick möglicherweise gar nichts zu tun haben und die Sie vielleicht im privaten Bereich erworben haben.

Checkliste: Gründerqualifikation							
Ich bin	**Beispiele**	**1**	**2**	**3**	**4**	**5**	**6**
motiviert							
leistungsorientiert							
zielstrebig							
initiativ							
risikotolerant							
ehrgeizig							
flexibel							
kreativ							
kommunikationsstark							
stressresistent							
kompetent							
ausdauernd							
belastbar							

Checkliste: Gründerqualifikation							
Ich bin	**Beispiele**	**1**	**2**	**3**	**4**	**5**	**6**
führungsstark							
charismatisch							
verhandlungssicher							
zielstrebig							
Ich habe							
fachliche Kompetenz							
kaufmännische/ betriebswirtschaftliche Kompetenz (z.B. Kalkulation, Buchführung, Marketing, Einkauf, Finanzierung, Personalwesen …)							

Manche Kompetenzen sind gar nicht auf den ersten Blick ersichtlich oder Menschen, die diese Kompetenzen mitbringen, unterschätzen sie.

Besondere Fähigkeiten zeigen sich oft außerhalb des Berufslebens:

- Leiten Sie vielleicht eine Jugendgruppe und haben hier bereits Führungsqualitäten unter Beweis stellen können?

- Sind Sie aufgrund Ihres Zahlenverständnisses und Ihrer Zuverlässigkeit möglicherweise Kassierer in einem Verein?

- Zeigt sich Ihr Organisationstalent regelmäßig bei der Planung Ihrer jährlichen Kegeltouren oder der Organisation Ihres Fünf-Personen-Haushalts?

- Fragen Freunde Sie oft um Rat und schätzen Ihre Problemlösungskompetenz?

- Stellen Sie Ihre Teamfähigkeit regelmäßig im Sportverein unter Beweis (Mannschaftssport)?

Das Überschätzen der eigenen Fähigkeiten kann ein Problem sein. Es ist aber auch hinderlich, die eigene Qualifikation zu unterschätzen oder bewusst herunterzuspielen. Gerade Frauen neigen aufgrund ihrer Erziehung immer noch häufig dazu. Wenn es jedoch darum geht, Geldgeber, Kunden usw. zu überzeugen, wirkt Bescheidenheit zwar sympathisch, aber das wird Ihnen nicht weiterhelfen. Niemand wird Ihr Vorhaben nur aus Sympathie finanzieren. Sie werden überzeugen müssen und das geht nur durch selbstbewusstes, überzeugendes Auftreten.

Umgekehrt haben auch „Blender" in der Regel schlechte Karten (Ausnahmen bestätigen die Regel).

Im Normalfall hinterfragen Kapitalgeber aber die angegebenen Qualifikationen – auch hier bestätigen Ausnahmen die Regel.

Wenn Sie aus der Arbeitslosigkeit heraus gründen möchten, finanziert Ihnen die Arbeitsagentur vielleicht ein sogenanntes Profiling (Fragen Sie danach!). Dabei werden ein Stärken-Schwächen-Profil und Vorschläge zur Verbesserung erarbeitet. Das könnte Ihnen auch dabei helfen einzuschätzen, ob eine selbstständige Tätigkeit überhaupt das Richtige für Sie ist.

Eine Potenzialanalyse über das Internet bietet z. B. das Geva-Institut in München zum Preis von 38 Euro an (Stand: April 2015).

> **Auf den Punkt gebracht**
>
> Beschreiben Sie in diesem Kapitel, warum Ihre Idee markt-fähig ist und warum Sie die richtige Person sind, diese Idee erfolgreich umzusetzen.

3. Teil: Der Standort als Erfolgsfaktor

Man sagt, bei Immobilien seien drei Dinge wichtig: Lage, Lage, Lage.

Bei der Wahl des Standorts für ein Unternehmen **kann** die Lage erfolgsentscheidend sein. Sie kann aber genauso gut völlig unerheblich sein.

Es kommt darauf an, was Sie vorhaben: Wer sich als Autor selbstständig machen möchte, kann das von fast jedem Ort der Welt aus tun. Da spielt es keine Rolle, ob der Unternehmenssitz ein Ein-Zimmer-Apartment oder eine repräsentative Villa ist.

Entscheidend ist die Lage dagegen z. B. im stationären Einzelhandel. Hier entscheidet oft die Lage über Erfolg oder Misserfolg eines Unternehmens.

Eine Standortentscheidung ist eine grundsätzliche Entscheidung, die erhebliche Konsequenzen haben und zumindest kurzfristig in der Regel nicht revidiert werden kann. Vielfach sind bei der Anmietung von Gewerberäumen z. B. Fünfjahresverträge üblich. Für Existenzgründer ist das mitunter riskant. Mehr als 50 % der neu gegründeten Unternehmen überleben die ersten fünf Jahre wirtschaftlich nicht. Es macht die Sache nicht gerade leichter, wenn in so einem Fall zu allen Problemen noch ein langfristig laufender Mietvertrag hinzukommt. Andererseits kann natürlich eine längere Planungssicherheit und vielleicht auch eine stabile Miethöhe an einem hervorragenden Standort sehr vorteilhaft sein – eine Sorge weniger für einen Jungunternehmer, wenn er sich zumindest mittelfristig keine Gedanken darum machen muss, ob er an dem ausgewählten Standort bleiben kann.

Die Vor- und Nachteile sind also gut gegeneinander abzuwägen – und das ist nur im Einzelfall und in der konkreten Situation möglich.

Vielleicht stellt sich die Frage nach einem Standort aber gar nicht, weil Sie Ihr Unternehmen aus den heimischen vier Wänden heraus starten möchten. Dann müssen Sie aber zumindest klären, ob die geplante Tätigkeit in Ihrem Haus zulässig ist und ob Sie alles tun dürfen, was dazu gehört.

Beispiel: Nicht erlaubte Garagennutzung

Christian Müller, 34 Jahre betreibt seit gut zwei Jahren einen Hausmeister- und Reinigungsservice. Seine Auftraggeber sind Wohnungsbaugesellschaften, aber auch Unternehmer und Privatpersonen. Er selbst hat meist einen 16-Stunden-Tag und beschäftigt zusätzlich noch zwei „Mini-Jobber". Den „Papierkram" erledigt er am heimischen PC.

Alles, was er sonst so braucht, wie z. B. Rasenmäher, Werkzeugkoffer, Farben und Lacke und vieles mehr lagert er in der Garage seines Einfamilienhauses. Bisher gab es keine Probleme und der Unternehmer glaubte, auch niemanden

> *fragen zu müssen. Schließlich ist es sein Haus und damit seine Angelegenheit, was er dort tut oder lässt.*
>
> *Oft geht so etwas gut, aber nicht immer. In diesem Falle hat jemand – Christian Müller vermutet einen bestimmten Nachbarn dahinter – den Jungunternehmer bei der Stadtverwaltung seines Wohnortes wegen der nicht erlaubten Garagennutzung angezeigt.*
>
> *Christian Müller ist „aus allen Wolken gefallen" und konnte kaum glauben, dass er mit seiner eigenen Garage nicht tun und lassen kann, was er will, solange er niemanden stört oder gefährdet.*

Genau darum geht es aber: Störung oder Gefährdung und entsprechende Regeln dazu – z. B. fixiert in den sogenannten Garagenverordnungen der Länder. Zur Entlastung des öffentlichen Raumes darf z. B. eine Garage nicht zweckentfremdet werden, etwa als Lager. Was genau eine „Zweckentfremdung" ist und wo die Grenzen liegen, ist stets eine Einzelfallentscheidung. Eine komplette Nutzung als Lager ist jedoch ganz sicher nicht dem Zweck entsprechend. Auch Benzin darf aus Brandschutzgründen etwa nur in geringer Menge und sicheren Behältern gelagert werden usw.

Christian Müller hatte noch Glück. Er musste kein „Ordnungsgeld" zahlen, sondern sich „nur" innerhalb einer Frist von vier Wochen einen neuen Lagerraum suchen.

In den meisten Fällen kommt es nicht zu Problemen. Leichter lebt es sich aber, wenn Sie von vornherein nach legalen Möglichkeiten suchen und die Kosten dafür in die Planrechnungen einfließen lassen.

Vielleicht stellt sich auch deshalb die Frage nach einem Standort nicht, weil Sie Ihr Unternehmen am vorhandenen Standort erweitern wollen. Dann gehören an dieser Stelle in den Businessplan andere Ausführungen als dies z. B. bei der Suche nach einem Standort, bei einem Neubau oder bei einem Mietobjekt der Fall ist. Dann geht es darum aufzuzeigen, dass der Standort z. B. für eine Erweiterung geeignet ist und alle Voraussetzungen, etwa baurechtlicher Art, vorliegen. Ob das so ist, können Sie vorab mit Mitarbeitern des zuständigen Bauordnungsamts klären, etwa im persönlichen Gespräch oder im Rahmen einer Bauvoranfrage.

Auf jeden Fall sind alle Standortfragen wesentliche Fragen, weil die Festlegung auf einen Standort – wie schon erwähnt – i. d. R. eine längerfristige Entscheidung ist.

Die Standortqualität hängt immer von verschiedenen Faktoren ab. So können z. B. die Kosten an einem bestimmten Standort besonders niedrig – dafür aber die Absatzmöglichkeiten schlecht sein.

Prüfen Sie deshalb zuerst, welche Faktoren in Ihrem konkreten Fall entscheidend für den geschäftlichen Erfolg sind. Nur dann können Sie im nächsten Schritt alternative Standorte hinsichtlich ihrer Eignung bewerten.

Wichtige Standortfaktoren können z. B. sein:

• Standortkosten

• Fördermöglichkeiten am jeweiligen Standort

• Lage

• Arbeitsmarktsituation

• behördliche Auflagen

- Kundennähe und Kaufkraft, also Absatzmöglichkeiten

- Konkurrenz

- Infrastruktur (auch schnelle Datenleitungen) und Verkehrsanbindung

- Versorgung (Strom, Gas, schnelle Datenleitungen …)

- Zukunftsfähigkeit (z. B. Erweiterungsmöglichkeiten)

Bei sonst gleichwertigen Standorten ist z. B. auch eine wirtschaftsfreundliche Verwaltung mit kurzen Wegen und einer professionellen Beratung und Betreuung von Existenzgründern und Unternehmern ein wichtiger Standortfaktor.

Standortkosten

Die Kosten am jeweiligen Standort sind immer wichtig! Allerdings kann es fatal sein, an der falschen Stelle zu sparen. Vermeintliche „Kostenvorteile" können schnell zur Kosten- oder Absatzfalle werden. Eröffnen Sie z. B. Ihr Einzelhandelsgeschäft nicht in der gut frequentierten Fußgängerzone in der Innenstadt, sondern in einer preiswerten Randlage, wird die erforderliche Werbung Sie vielleicht deutlich mehr kosten, als Sie an Miete sparen.

Schlimmstenfalls bedeutet ein falscher Standort das schnelle Aus für Ihr Unternehmen.

Die Standortkosten setzen sich z. B. zusammen aus

- der ortsüblichen Miete,

- Nebenkosten,

- dem Grundstückspreis,

- Energiekosten,

- behördlichen Auflagen,

- Umbaukosten,

- Personalkosten,

- Transportkosten und

- Steuern (insbesondere Gewerbesteuer).

Für einen Vergleich listen Sie am besten für jeden infrage kommenden Standort die künftigen Kosten möglichst genau auf. Übliche Mieten erfahren Sie z. B. bei ortsansässigen Maklern oder auch der zuständigen Wirtschaftsförderung. Auch über behördliche Auflagen können Sie sich bei der jeweiligen Stadt- oder Kreisverwaltung informieren.

Transportkosten spielen z. B. im Handel und in der Produktion eine wichtige Rolle. Auch die Personalkosten sind nicht an jedem Standort gleich. Es gibt regionale Unterschiede in den Lohn- bzw. Gehaltsstrukturen. Bedenken Sie dabei jedoch auch die niedrigere Kaufkraft in Regionen mit einer für Unternehmen „günstigen" Lohn- und Gehaltsstruktur.

Öffentliche Fördermittel können ebenfalls ein Standortfaktor sein und sind es häufig auch – gerade in strukturschwachen Regionen.

Wichtig ist auch die Größe eines Objekts, ganz gleich, ob Sie neu bauen, kaufen oder mieten möchten. Nicht ausgelastete Kapazitäten wie z. B. Büros, Lager- oder Verkaufsräume bedeuten zusätzliche finanzielle Belastungen, denen keine angemessenen Erlöse gegenüberstehen. Vorteilhaft ist es natürlich, wenn ein Objekt „mitwachsen" kann, wenn also für später auch Erweiterungsmöglichkeiten vorhanden sind.

Lassen Sie sich nach Möglichkeit in einem Mietvertrag eine Option auf Verlängerung einräumen. Damit
sichern Sie sich das Recht (nicht aber die Pflicht), den
Vertrag zu verlängern. Handelt es sich tatsächlich um
einen optimalen Standort, können Sie auf diese Weise
sicherstellen, Ihr Unternehmen mittel- bis langfristig
dort betreiben zu können.

Auf den Punkt gebracht

Überlegen Sie zuerst, welche Standortfaktoren über Ihren geschäftlichen Erfolg entscheiden, und bewerten Sie
dann mögliche Alternativen nach den wichtigsten Kriterien (Kosten, Nähe zu Kunden, Parkmöglichkeiten etc.).

4. Teil: Markt und Wettbewerb

Der relevante Markt

Im Kapitel „Markt und Wettbewerb" geht es darum, die
Marktsituation in Ihrem „relevanten Markt" zu beschreiben
inklusive der wichtigsten Konkurrenten mit den jeweiligen
Stärken und Schwächen.

„Wie soll das denn gehen?" hört man oft in diesem Zusammenhang. Es geht – auch ohne professionelle Marktfor-
schung und mit vertretbarem Aufwand!

Zunächst muss man aber wissen: Was ist der „relevante
Markt" überhaupt?

Jeder weiß, was ein „Markt" ist – man kennt den Wochenmarkt, den Großmarkt, den Flohmarkt usw. Auf einem Markt treffen Angebot und Nachfrage zusammen.

Für den Businessplan ist ein systematisches Vorgehen wichtig. Die wichtigsten Aspekte müssen „auf den Punkt" gebracht werden. Dazu muss man die wesentlichen Zusammenhänge des Marktgeschehens kennen. Der für Ihr Vorhaben „relevante Markt" ist strategisch wichtig für Ihr Unternehmen, insbesondere für Ihre Marketingstrategie. Je besser Sie das Marktgeschehen kennen, umso erfolgreicher können Sie marktfähige Produkte und Leistungen anbieten.

> Der „relevante Markt" ist der Markt, den Sie mit Ihrem Angebot bedienen können und wollen und auf den sich Ihre Marketingaktivitäten konzentrieren müssen.

Abgrenzen kann man den Markt räumlich, sachlich, zeitlich oder personell.

Räumliche Abgrenzung

Die räumliche Abgrenzung ist i. d. R. einfach. Es geht dabei um die Frage: Wo kann ich meine Produkte bzw. Dienstleistungen absetzen?

Im Beispiel des Hausmeisterservice ist der „relevante" Markt natürlich nicht der Weltmarkt, sondern er begrenzt sich auf die Region, vielleicht auch nur auf eine Stadt oder einen Stadtteil – je nach Größe.

Im Falle eines Online-Handels kommt grundsätzlich durchaus der Weltmarkt in Betracht, wenn man sich auf die Anforderungen einlassen will (rechtliche Aspekte der verschiedenen Länder, mehrsprachige Angebote usw.).

Eine räumliche Abgrenzung des „relevanten Marktes" erfolgt also nach Absatzgebieten. Diese können sein:

• Weltmarkt

• EU-Markt

• nationaler Markt (ein bestimmtes Land)

• regionaler Markt (eine bestimmte Region)

• lokaler Markt (eine bestimmte Stadt oder ein Stadtteil)

Sachliche Abgrenzung

Die sachliche Abgrenzung ist eine Abgrenzung nach Produkten. Es geht also im ersten Schritt um die Frage: Welche Konkurrenzprodukte/-leistungen gibt es?

Ziel ist es, sich im Ergebnis positiv von der Konkurrenz abzuheben und das später auch den potenziellen Kunden zu vermitteln.

Die offensichtlichen Konkurrenten sind hier relativ leicht auszumachen. Schwierig wird es bei sogenannten Substitutionsprodukten. Das sind solche Produkte, die zwar nicht identisch sind mit dem eigenen Produkt, die es aber ersetzen können.

Beispiel: Substitutionsprodukte

Das klassische Beispiel substituierbarer Produkte sind Margarine und Butter.

> *Ein Weinhändler steht z. B. nicht nur zu anderen Weinhänd-*
> *lern in Konkurrenz. Er dürfte auch ein großes Interesse daran*
> *haben, dass seine Kunden nicht künftig Wasser oder Bier*
> *statt Wein trinken.*

Zeitliche Abgrenzung

Unter der zeitlichen Abgrenzung des relevanten Marktes versteht man die Gültigkeitsdauer, z. B. bei modischen Produkten oder Saisonware.

Personelle Abgrenzung

Für die meisten Existenzgründer, aber auch für wirklich gestandene Unternehmer ist das Schwierigste die personelle Abgrenzung des relevanten Marktes, sprich: die Bestimmung der konkreten Zielgruppe.

„Mein Produkt kann jeder gebrauchen" hört man in diesem Zusammenhang sehr oft. Oft stimmt das auch. Gleichwohl kann man in den meisten Fällen die Hauptzielgruppe/n deutlich weiter eingrenzen. Das „Eingrenzen" der Zielgruppe ist dabei nicht gleichbedeutend mit „Einschränkungen" im Hinblick auf Ihre Absatzmöglichkeiten. Im Gegenteil: Natürlich können und sollen Sie Ihre Produkte an jedermann verkaufen, der daran interessiert ist und sie bezahlen kann, es sei denn, dass rechtliche Gründe dagegen sprechen (z. B. Verkauf von Tabakwaren an Kinder oder Jugendliche unterhalb des Mindestalters). Das Eingrenzen der Zielgruppe dient einzig und allein dazu, Ihr Marketing so effizient wie möglich auszurichten.

Sie können nicht alle möglichen Zielgruppen auf dieselbe Art und Weise erreichen. Die Sprache der Jugend ist eine andere als die Sprache der Senioren. Frauen spricht man vielfach anders an als Männer, Berufstätige anders als Hausfrauen, Teenager anders als Kinder oder Erwachsene, Menschen mit hohem Einkommen ggf. anders bzw. mit anderen Argumenten und Produkten als Geringverdiener usw.

Theoretisch können Sie Werbung für jede Ihrer Zielgruppen separat betreiben. Praktisch dürfte dieses Vorgehen schon aus finanziellen Gründen ausscheiden.

Daher ist es wichtig, die Hauptzielgruppe/n so genau wie möglich zu bestimmen. Je besser Sie Ihre potenziellen Kunden und deren Bedürfnisse kennen, umso gezielter können Sie werben. Kriterien können z. B. sein: Alter, Geschlecht, Einkommen, Lebensstil oder Beruf. Bei Geschäftskunden könnten z. B. die Branche oder die Größe des Unternehmens Kriterien zur Eingrenzung der Zielgruppe sein.

Marktpotenzial

Für den Businessplan brauchen Sie neben der Kenntnis des „relevanten Marktes" auch wenigstens eine grobe Vorstellung über das vorhandene Marktpotenzial.

Mit anderen Worten: Man muss wissen, ob der Markt überhaupt in jeder Hinsicht groß genug ist, um den wirtschaftlichen Erfolg des eigenen Unternehmens zu ermöglichen.

Dazu benötigen Sie eine Vorstellung davon, wie viele potenzielle Kunden es in Ihrem relevanten Markt gibt und wie hoch deren Kaufkraft ist. Dies ist schwierig – keine Frage. Es gibt jedoch Hilfe und die Möglichkeit, sich eine solide Planungsbasis zu erarbeiten.

Hilfe können Sie bei den Verbänden Ihrer Branche bekommen, aber auch z. B. bei Banken, Sparkassen, Kammern und der für Wirtschaftsförderung zuständigen Stelle Ihrer Stadt/ Region.

Insbesondere wenn Sie Privatkunden bedienen möchten, können die Statistischen Ämter eine weitere Anlaufstelle sein. Zählen zu Ihrer Zielgruppe beispielsweise Frauen im Alter zwischen 18 und 30 Jahren in einer bestimmten Stadt, kann Ihnen das Statistische Amt Ihrer Gemeinde (sofern vorhanden – andernfalls ggf. das Bürgerbüro oder die für Wirtschaftsförderung zuständige Stelle) Auskunft über die Anzahl der in dieser Gemeinde lebenden potenziellen Kundinnen geben. Auch zur Kaufkraft in einer bestimmten Region können Ihnen in aller Regel die Wirtschaftsförderungsämter oder die Industrie- und Handelskammer Näheres sagen.

Recherchieren Sie die allgemeine Branchensituation und die voraussichtliche Entwicklung:

- Wie hoch sind Gesamtumsatz und -absatz?

- Wie haben sich die Bedürfnisse der Abnehmer ggf. verändert und was ist für die Zukunft erkennbar?

- Wie entwickeln sich Preise, Rendite und Kosten?

- Rechnet die Branche mit einem Wachstum, stagniert oder schrumpft sie sogar?

> Je schwieriger das Branchenumfeld, umso wichtiger ist die Beantwortung der Frage, warum gerade Sie trotz der schwierigen Lage erfolgreich sein werden. **!**

Versuchen Sie herauszufinden, welchen Trends die Branche aktuell und in Zukunft unterliegen wird. Neben den bereits oben genannten Informationsquellen können Sie Fachzeitschriften, Messen, Datenbanken und Bibliotheken nutzen. Immer hilfreich sind Gespräche mit erfahrenen Branchenvertretern. Vielleicht haben Sie schon Kontakte zu möglichen Kooperationspartnern oder Zulieferern geknüpft? Erfragen Sie alles, was Ihnen weiterhelfen kann und nutzen Sie solche wertvollen Informationsquellen.

Auf Basis dieser Informationen geht es im nächsten Schritt darum, möglichst realistische Absatzmöglichkeiten zu ermitteln. Sie wissen mehr darüber, wer Ihre Kunden sind, wie viele potenzielle Kunden es zumindest ganz grob gibt und wie sich die Branche aktuell entwickelt.

Eine weitere wesentliche Hilfe sind branchenübliche Werte, die Sie ebenfalls mithilfe der genannten Quellen recherchieren können und/oder mithilfe von Unternehmens- und Steuerberatern. Branchenübliche Werte bieten eine Orientierung für Existenzgründer. Nicht mehr. Nicht weniger. Etablierte Unternehmen haben natürlich viel aussagefähigere und belastbare eigene Daten zur Verfügung. Existenzgründer müssen sich behelfen und brauchen dabei Orientierung.

Ein neu gegründetes Unternehmen wird häufig nicht gleich von Beginn an so hohe Umsätze erwirtschaften können wie ein bereits gut etabliertes Unternehmen.

> **!** Rechnen Sie also zumindest in der Anfangsphase nicht mit durchschnittlichen Branchenwerten, sondern bleiben Sie deutlich darunter.

Mitunter passiert in den ersten Monate auch nichts (Nennenswertes). Vielleicht machen Sie gar keinen Umsatz. Wer z. B. persönliche Dienstleistungen anbieten möchte und noch nicht gut vernetzt ist, wird es am Anfang schwer haben. Ganz anders sieht es aus, wenn Sie ein laufendes Geschäft in guter Lage übernehmen. Allgemeingültige Aussagen gibt es hier also nicht.

> **!** Bedenken Sie bei Ihrer Marktanalyse auch: Es gibt mitunter nicht nur die ganz offensichtlichen Wettbewerber.

Als Handwerker müssen Sie sich evtl. auch gegen „Schwarzarbeiter" durchsetzen, die in Konkurrenz zu den legal arbeitenden Unternehmen treten. Als potenzieller Anbieter von Nachhilfe konkurrieren Sie nicht nur mit professionellen Anbietern, sondern auch mit Schülern, Studenten, Rentnern oder Ehrenamtlichen.

Seminaranbieter dürfen nicht die Volkshochschulen mit ihrem öffentlichem Bildungsauftrag vergessen; künftige Lebensmittelhändler dürfen nicht vergessen, dass auch gemeinnützige Organisationen wie z. B. die Tafel auf diesem Sektor tätig sind und erschreckende Zuwachszahlen verzeichnet, weil immer mehr Menschen auf solche Hilfen angewiesen sind.

Die genannten Quellen werden nicht ausreichen, um eine Stärken-Schwächen-Analyse des eigenen Angebots im Vergleich zur Konkurrenz vorzunehmen. Eine umfassende externe Untersuchung scheidet in der Regel aber aus finanziellen Gründen aus.

Dennoch müssen Sie Ihre Stärken kennen – schließlich sind das Ihre wichtigsten Verkaufsargumente. Ihre Schwächen im Vergleich zur Konkurrenz sollten Sie schon deshalb unbedingt kennen, damit diese nicht Ihr Vorhaben ernsthaft gefährden.

Seien Sie also kreativ in Ihrer Informationsbeschaffung. Erfragen Sie z. B. einfach bei Ihren Konkurrenten, was Sie wissen müssen. Bekunden Sie Ihr Interesse an den Produkten und am Unternehmen. Das ist ja in der Tat vorhanden, wenn auch nicht als potenzieller Kunde. Fragen Sie nach Lieferzeiten, besonderem Kundenservice, Zahlungsmodalitäten, Kulanzverhalten usw. Die meisten Wettbewerber werden Ihnen sicher Auskunft geben.

Sie können auch als „Mystery Shopper" auftreten und ein paar Testeinkäufe vornehmen (vorausgesetzt, es handelt sich um ein Produkt für Endverbraucher) und selbst beurteilen, wie rasch, kompetent und freundlich Sie bedient werden.

Auf den Punkt gebracht

Ihre Markt- und Wettbewerbsanalyse können Sie in aller Regel mit „Bordmitteln" durchführen. Dabei sollten alle entscheidenden Einflussfaktoren eine Rolle spielen, damit es später nicht zu unliebsamen Überraschungen kommt.

> Nur wer seinen Markt kennt und einschätzen kann, was auf ihn zukommt, kann die passende Geschäftsstrategie für die jeweilige Situation entwickeln.

Wenn Sie Ihren Markt einigermaßen kennen, ist es an der Zeit für ein zumindest grobes Marketingkonzept. Ohne Marketing geht es nicht, auch wenn das Budget noch so klein ist.

5. Teil: Marketing und Selbstmarketing

Man sagt: „Marketing kostet Geld. Kein Marketing kostet Kunden." Schlimmstenfalls kostet es sogar die wirtschaftliche Existenz des Unternehmens. Wie der Sportartikel-Konzern Adidas sich beinahe sozusagen „kaputt gespart" hätte, berichtet der Konzernchef in einem Interview für das Buch „Erfolge und ihr Geheimnis". Nun heißt Ihr Unternehmen nicht „Adidas" und ist sicher in vielem nicht vergleichbar. Das Prinzip aber ist dasselbe: Aus Kostengründen auf Marketing zu verzichten ist Sparen am falschen Ende und geht in aller Regel nicht gut.

Gerade bei einem kleinen Budget ist eine durchdachte Strategie umso wichtiger. Wenn Geld keine Rolle spielt, lassen sich auch Fehlinvestitionen und hohe Streuverluste noch verkraften. Bei einem kleinen Budget kommt es umso mehr darauf an, die „Richtigen" anzusprechen.

Sie müssen also Ihre Zielgruppe so genau wie möglich kennen. Es hilft Ihnen nicht weiter, wenn Sie mit teuren Zeitungsanzeigen überwiegend Leser erreichen, die sich für Ihr Produkt gar nicht interessieren oder wenn Ihre Werbebanner im Internet „Hans und Franz" auf Ihre Homepage locken, die zwar „Traffic" bringen, aber keinen Umsatz.

So wie es weder **den** Kunden noch **den** Anbieter gibt, so gibt es auch nicht **die** Marketingstrategie. Die individuell beste Lösung kann man stets nur für den konkreten Einzelfall erarbeiten.

Es gibt aber,

- ein paar grundlegende Dinge, die jeder Unternehmer wissen sollte, zu beachten,

- einige häufige Fehler, die niemand mehr selbst machen muss, weil sie schon unzählige Unternehmer vor ihm gemacht haben, zu vermeiden und

- ein paar Tipps zu beherzigen, die sicher weiterhelfen.

Marketing ist eine der wichtigsten kontinuierlichen Aufgaben im Unternehmen. Bei einem Marketingkonzept können Sie sich an folgendem Aufbau orientieren:

- Marktsituation des Unternehmens

- Marketingziele (= Zielsetzung)

- Marketingstrategie (= Planung)

- Marketingmaßnahmen (= Realisierung)

- Kosten des Marketing

- Erfolgskontrolle

Als Basis für Ihr Marketingkonzept brauchen Sie Informationen über den Markt. Viele Existenzgründer, aber auch langjährig am Markt bestehende Unternehmen scheitern letzten Endes an fehlenden oder unzureichenden Marktkenntnissen oder sie reagieren nicht rechtzeitig bzw. nicht angemessen auf wesentliche Veränderungen. Kundenbedürfnisse verändern sich. Es hilft nichts zu erklären: „Das haben wir schon immer so gemacht." Veränderte Bedürfnisse erfordern eine veränderte Strategie und geeignete Maßnahmen, denn: „Wer nicht mit der Zeit geht, geht mit der Zeit." Wer die Bedürfnisse seiner Zielgruppe nicht kennt oder nicht befriedigen kann, hat am Markt keine Chance.

Marktbeobachtung ist also für jedes Unternehmen eine existenziell wichtige und vor allem kontinuierliche Aufgabe. Es ist nicht damit getan, einmalig im Zuge der Businessplanung ein Marketingkonzept zu erarbeiten.

Für Ihr Marketingkonzept (und auch später) brauchen Sie sogenannte objektive und subjektive Marktdaten. Objektive Daten sind z. B.:

- Marktpotenzial (die von allen Wettbewerbern zusammen theoretisch erzielbare Absatzmenge)

- Anzahl der Konkurrenten

- Marktanteile

- Anzahl der potenziellen Kunden

- deren Geschlecht, Alter, Einkommen etc.

- andere unmittelbar zähl- oder messbare Daten

Für Marketingmaßnahmen interessanter, aber auch viel schwieriger zu bekommen sind die subjektiven Marktdaten, wie z. B.:

- Einstellungen

- Emotionen und Meinungen der Marktteilnehmer

- Bedürfnisse

- Kaufmotive

- Reaktionen auf bestimmte Maßnahmen

Hier geht es manchmal nur nach dem Prinzip „Versuch und Irrtum". Jeder Unternehmer muss immer ein Stück weit ausprobieren, wie seine Zielgruppe auf welche Maßnahme reagiert, und dann entscheiden, was sinnvoll ist und was weniger.

Es hilft aber auch, die Marketingmaßnahmen erfolgreicher Wettbewerber zu beobachten und von Ihnen zu lernen, und es hilft sehr, die Zielgruppe selbst zu befragen und Informationen einzuholen. Diese so einfache, aber enorm hilfreiche Informationsquelle wird mitunter fast sträflich vernachlässigt und nur selten systematisch genutzt. Dabei geben Menschen grundsätzlich gern Auskunft, wenn sie das Gefühl vermittelt bekommen, dass ihre Meinung ehrlich geschätzt und gefragt ist und der Verbesserung der Angebote dient.

Was können Sie nun konkret tun, um ein Marketingkonzept zu erarbeiten und Ihre Produkte und/oder Dienstleistungen an den Mann und die Frau zu bringen?

Setzen Sie sich im ersten Schritt Ziele, und zwar nicht nur kurzfristige Umsatzziele, sondern mittel- und langfristige Ziele. Beantworten Sie für sich folgende Fragen:

- Wo wollen Sie in drei, fünf oder zehn Jahren stehen?

- Wie soll die Öffentlichkeit Sie wahrnehmen – welches Image wollen Sie aufbauen?

- Was sollen Menschen mit Ihnen und Ihrem Unternehmen assoziieren?

> **!** Gliedern Sie Ihre großen Ziele in Unterziele, die überschaubar und erreichbar sind. Das machen Sie so lange, bis Sie selbst klar sehen, was zu tun ist, damit Sie Ihren Zielen Schritt für Schritt näher kommen.

Große Ziele erreicht man nicht in einem Schritt. Auch Ihre erste Million werden Sie zum Beispiel allenfalls Schritt für Schritt erwirtschaften. Das Ziel wäre also klar: die erste Million innerhalb von X Jahren zu erwirtschaften. Mit einer abhängigen Beschäftigung wird das voraussichtlich im Laufe eines Lebens nicht gelingen. Also braucht es eine langfristige Strategie, mit der dieses Ziel erreicht werden könnte: Sie planen, sich selbstständig zu machen. Im nächsten Schritt benötigen Sie konkrete Ideen und Maßnahmen, um Ihr Vorhaben umzusetzen. So könnten Sie z. B. überlegen, bis wann und wie Sie die ersten 10.000 Euro als Grundstock Ihrer Million erreichen wollen.

> **!** Auch im Marketing brauchen Sie zuerst Ziele, dann eine Strategie und (erst) dann geeignete Maßnahmen.

Dabei sind es nicht einzelne Maßnahmen, die den Erfolg ausmachen, sondern die bestmögliche Kombination – auch im Marketing.

Ein optimaler „Marketing-Mix" basiert immer auf den folgenden vier Säulen des Marketing:

- Produktpolitik

- Kontrahierungspolitik

- Distributionspolitik

- Kommunikationspolitik

Jeder dieser Bereiche umfasst eine Vielzahl verschiedener Marketinginstrumente, die Sie je nach Vorhaben und Budget sinnvoll miteinander kombinieren können.

Die nachfolgende Tabelle enthält einige Beispiele zur Zuordnung bestimmter Aspekte zu den Säulen des Marketing:

Produkt-politik	Kontrahie-rungspolitik	Distributi-onspolitik	Kommunika-tionspolitik
Produkt-qualität	Preisbildung	Handelsver-treter	Einführungs-werbung
Produkt-nutzen	Preisniveau	Makler	Produkt-/Leistungswer-bung
Verpackung	Treuerabatte	Partyverkauf	Sponsoring
Produktimage	Mengenra-batte	Telefonver-kauf	Direktwer-bung
Markenpolitik	Personalra-batte	Katalogver-kauf	Schaufenster-gestaltung
Sortiments-gestaltung	Lieferbedin-gungen	Ladenlokal	Firmenauftritt
Servicepolitik	Zahlungsbe-dingungen	Internetver-sand	Events

Produkt- politik	Kontrahie- rungspolitik	Distributi- onspolitik	Kommunika- tionspolitik
Garantie	Allgemeine Geschäftsbe-dingungen	Franchising	Internetauf-tritt
Beschwerde-management	Individuelle Vertragsbe-dingungen	Eigentrans-port	Presseinfor-mation

All diese und weitere Aspekte können je nach Vorhaben einen mehr oder weniger großen Einfluss auf Ihren Markter-folg haben. All diese Punkte sind also auch Stellschrauben, an denen man in positivem Sinne drehen kann.

Die Antworten auf strategische Fragen wie: „Wo will ich in fünf Jahren stehen?" und „Welches Image möchte ich aufbauen?" usw. sind von Anfang an wichtig. Das gilt z. B. schon bei der Gestaltung Ihrer Geschäftspapiere, Ihrer Homepage und allen weiteren Maßnahmen, die nach außen sichtbar werden. Ihr Firmenname, die Farbgestaltung Ihres Auftritts, Texte für Ihre Homepage und vieles mehr müssen zu Ihrer Gesamtstrategie passen – und zwar von Anfang an.

Es ist keine gute Idee „fürs Erste" auf die preislich ver-meintlich „günstigste" Lösung zu setzen. Nichts hält länger als ein Provisorium und es gibt keine zweite Chance für einen guten ersten Eindruck.

Darum sind solide Außenauftritte z. B. durch professionell wirkende Internetseiten, Visitenkarten etc. ein entscheiden-der Baustein in jeder Marketingstrategie.

Das sind noch nicht per se „Umsatzbringer". Sie verhindern nur, dass potenzielle Kunden schon auf den ersten Blick abgeschreckt werden und Ihr attraktives Produkt bzw. Ihre Leistung erst gar keine Chance bekommt. Es ist nicht nur Qualität, die zählt. Qualität muss auch glaubwürdig transportiert werden.

Hinter einem unprofessionellen Auftritt wird niemand Qualität vermuten, ganz gleich, wie gut Sie wirklich sind. Eher ist es umgekehrt so, dass mit einem professionellen Außenauftritt auch minderwertige Produkte und Leistungen gute Chancen haben, genug Kunden zu finden.

Ziele und eine geeignete Strategie, um sie zu erreichen, sind wichtig. Professionalität und Qualität auch. Das allein ist aber nicht genug und das beste Produkt und die beste Leistung verkaufen sich nicht von allein.

Ein wirklich guter Verkäufer kann auch minderwertige Produkte an den Mann und an die Frau bringen. Umgekehrt funktioniert das eher nicht. Ein schlechter Verkäufer hat es mindestens sehr schwer – auch wenn Produkte und Leistungen erstklassig sind.

Wer das weiß, kann sein Marketingkonzept entsprechend ausrichten.

Ihre Strategie und Ihre Ziele können nur Sie selbst erarbeiten. Bei der Formulierung Ihres Businessplans können Berater helfen – auch dabei, alles systematisch in die „richtige Form" zu bringen. Sie können Ihnen auch bei der Einschätzung helfen, was realistisch ist und was nicht. Ihre Ziele und eine zu Ihrer

Persönlichkeit und dem Vorhaben passende Strategie zu finden ist aber eine sehr persönliche und individuelle Sache, für die es keine „Vorlage" gibt. Sie sind eben nicht „Herr Mustermann" oder „Frau Musterfrau".

Auch die Maßnahmen müssen zu Ihnen, Ihrer Strategie und natürlich Ihrem Budget passen und können nur individuell erarbeitet werden. Die folgenden Beispiele und Informationen sollen und können deshalb (nur) als Anregung dienen. Sie berücksichtigen die Tatsache, dass die meisten Unternehmer und Existenzgründer aus einem kleinen Marketingbudget das Beste machen wollen. Wenn Geld keine Rolle spielt, werden Sie benötigte Leistungen vermutlich einfach einkaufen, statt selbst eine Strategie zu erarbeiten.

Marketing für das kleine Budget

Die Frage ist: Wie gelingt ein professioneller Marktauftritt, dessen Umsetzung Sie wirtschaftlich nicht von vornherein ruiniert, und was gehört dazu?

Einmal abgesehen davon, dass alles, was Ihre potenziellen Kunden von Ihnen und Ihrem Unternehmen zu sehen und hören bekommen, einen Einfluss hat, sind es zunächst einmal die „sichtbaren" Dinge, die für einen professionellen, guten ersten Eindruck sorgen oder eben auch nicht. Dazu gehören z. B.:

• Visitenkarten

• Geschäftspapiere

• Flyer, Broschüren, Annoncen

• Ihre Homepage

- Profile in den sozialen Netzwerken

- Außenwerbung

Auch wenn Sie überhaupt nicht daran denken, Waren oder Leistungen über das Internet zu „verkaufen", berücksichtigen Sie immer: Sie müssen auch sich und Ihr Unternehmen so gut wie möglich „verkaufen". Es gehört heute einfach dazu, dass sich Kunden auch im Internet informieren können. Die meisten Kunden erwarten das und wer diese Erwartungen nicht erfüllt, verspielt wesentliche Chancen. Selbst die ältere Generation nutzt zunehmend das Internet und der Markt z. B. für „Seniorenprodukte" wächst auch in der digitalen Welt.

Darum ist eine Präsenz im Internet und auch in sozialen Netzwerken wichtig – unabhängig von Ihren Absatzwegen.

Investitionen in eine kleine, aber optisch ansprechende und zu Ihrem Unternehmen passende Homepage mit darauf abgestimmten Geschäftspapieren lohnen sich und sind erschwinglich. Sparen Sie hier nicht am falschen Ende. Für rund 1000 € bekommen Sie bereits ansprechende Leistungen, von denen Sie lange etwas haben wie z. B. ein Paket bestehend aus:

- individuellem Logo

- Briefpapier

- Visitenkarten

- der Gestaltung Ihrer Homepage

Für unter 100 € können Sie sich von Profis ein Profil für soziale Netzwerke erstellen lassen, das Ihren beruflichen und geschäftlichen Interessen gerecht wird und z. B. die richtigen

Schlagworte in den Vordergrund stellt, überzeugend formuliert und strukturiert ist usw. Mit diesen „Basics" sind Sie schon einmal ganz gut aufgestellt.

Im nächsten Schritt sollten die Texte, auch die wenigen Worte auf der Visitenkarte, den guten ersten Eindruck (natürlich!) nicht zerstören, sondern unterstützen. Sie sollen bei potenziellen Kunden Interesse wecken, ihn „bei Laune halten" und im Ergebnis zusammen mit ansprechenden Bildern zum Handeln animieren (Anfrage stellen, Newsletter abonnieren etc.).

Das gelingt nur, wenn Sie es schaffen, die potenziellen Kunden im wahrsten Sinne des Wortes „anzusprechen" – in **ihrer** Sprache.

Viele Existenzgründer und Unternehmer sprechen in ihrer eigenen Sprache und argumentieren aus ihrer eigenen Sicht. Potenzielle Kunden interessiert aber nur und ausschließlich ihr eigener Vorteil.

Die zentrale Frage für jeden Kunden ist: Was habe ich davon, wenn ich dieses oder jenes Produkt kaufe oder was nützt mir diese oder jene Leistung? Das gilt es dem Interessenten zuerst zu „verkaufen" – den entscheidenden Vorteil des Produkts und der Leistung; den Vorteil für den Kunden und den Vorteil gegenüber den Angeboten der Wettbewerber.

Menschen kaufen emotional und rechtfertigen den Kauf dann später rational.

Das stimmt nicht immer und nicht bei allen Produkten oder Leistungen. Es stimmt aber oft.

Denken Sie nur an sich selbst: Wann haben Sie das letzte Mal etwas genau nach diesem Schema gekauft? War das „Schnäppchen" neulich wirklich primär eine rationale Entscheidung? Oder wollten Sie das tolle Teil – egal, ob es die Bohrmaschine oder das neue paar Schuhe war – einfach nur haben – aus Spaß oder weil es toll aussah? Der günstige Preis dient hinterher nur allzu oft lediglich als Rechtfertigung, war aber im Moment der Entscheidung nicht das Hauptkriterium.

Kauft ein Kunde ein Produkt, weil

- die Qualität großartig ist?

- Sie detailliert die vielen technischen Finessen Ihres Produkts beschreiben?

- Sie der qualifizierteste, netteste Mensch sind?

Der Kunde will nur wissen: Was habe ich davon? Werde ich schöner, reicher, erfolgreicher? Ist das Produkt besonders lecker? Besonders gesund? Kann ich mich damit abheben von anderen? Wertet das Produkt mich auf? Bringt die Leistung mich meinen Zielen näher?

Das ist es, was Kunden interessiert und das ist es, was es zu vermitteln gilt: mit den besten Worten, die Sie dafür finden können.

> Vielfach ist es gut investiertes Geld, auch die Texte – mindestens die Kernaussagen, ihre wichtigsten Botschaften – von Profis formulieren zu lassen. Das bringt oft sehr viel mehr, als es kostet.

Der Nutzen ist kaum messbar. Sie werden nie erfahren, wie viele potenzielle Kunden von schlechten, unpassenden Texten abgeschreckt wurden, aber dass Sie damit Kunden verlieren, steht außer Frage.

 Es ist wichtig, die entscheidenden Verkaufsargumente zu kennen. Es ist aber nicht weniger wichtig, sie zum Kunden zu transportieren – so gut es geht.

Ein blaues Logo, Firmenschild, Geschäftspapier etc. unterscheidet sich in den Kosten nicht von roten Produkten – in der Wirkung aber schon.

Farben und ihre Wirkungen

Haben Sie sich schon einmal Gedanken darüber gemacht, welche Farbe(n) zu Ihrem Vorhaben passen könnte(n) und welche Empfindungen Menschen mit Farben im Allgemeinen verbinden?

Investieren Sie im Rahmen Ihrer konzeptionellen Überlegungen unbedingt einige Zeit dafür. Kaufentscheidungen sind in aller Regel auch emotionale Entscheidungen. Was Menschen mit den von Ihnen verwendeten Farben assoziieren, wirkt sich also auch unmittelbar auf Ihren geschäftlichen Erfolg aus, zumindest als einer von vielen Aspekten.

Haben Sie vor, etwas im künstlerischen Bereich zu tun oder ist Ihre Zielgruppe sehr jung? Dann darf Ihre Farbgestaltung ruhig etwas bunter und schriller ausfallen. Halten Sie sich aber beim „Griff in den Farbtopf" zurück, wenn Sie z. B. Finanzberatung anbieten.

Farben, Farbtöne und Farbkombinationen können unterschiedliche und auch widersprüchliche Gefühle auslösen. Bei der Farbwahl kann der Blick auf die Wettbewerber – insbesondere die Marktführer – helfen.

Kommt es sehr auf Vertrauen an, wird oft die Farbe Blau verwendet. Sie steht für Vertrauen, Sympathie, Treue, Ruhe und Zuverlässigkeit und eignet sich z. B. gut für Beratungsunternehmen, Banken, Versicherungen, Finanzdienstleister und Ähnliches. Sie symbolisiert aber auch Frische und/oder Kühle (z. B. „Wick blau").

Grün eignet sich grundsätzlich auch für die oben genannten Branchen, weil die Farbe ebenfalls Sympathie vermittelt (z. B. „Das grüne Band der Sympathie" – Dresdner Bank). Sie symbolisiert aber auch: Großzügigkeit, Natürlichkeit, Zuversicht, Frische, Umweltverträglichkeit, Gesundheit und Harmonie. Solche Assoziationen machen sie auch zu einer guten Farbe im Lebensmittelbereich.

Rot erregt Aufmerksamkeit, kann aber auch aufdringlich wirken. Für bestimmte Bereiche ist Rot gut geeignet, in anderen wiederum eher unpassend. Sie eignet sich z. B. gut, wenn Sie Vitalität, Liebe, Leidenschaft, Glück oder Energie vermitteln wollen (z. B. Coca-Cola). Mitunter wirkt die Farbe aber auch – ungeschickt eingesetzt – aggressiv und wühlt auf.

Die Farbe Gelb vermittelt Freude, Heiterkeit, Aufgeschlossenheit, Optimismus und Kontaktfreude. Sie ist z. B. gut geeignet für Unternehmen, die etwas mit dem Freizeitbereich zu tun haben, wie z. B. Reisebüros oder Sonnenstudios. „Schmutzige" Gelbtöne rufen jedoch eher negative Assoziationen hervor wie etwa Geiz, Eifersucht oder Neid.

Die Farbpsychologie ist ein spannendes Thema, allerdings weniger für Ihren Businessplan. Für Sie reicht es zu wissen, dass nicht jede Farbe zu jedem Vorhaben passt und dass es sich lohnt, sich ein paar Gedanken über die Farbwahl zu machen.

Wenn die Frage, was der Kunde konkret von Ihren Produkten hat, zumindest gedanklich schon einmal gelöst ist, haben Sie eine gute Basis. Für Ihren Businessplan und einen späteren unternehmerischen Erfolg reicht das aber nicht aus. Eine Internetseite ist z.B. faktisch so gut wie nicht vorhanden, wenn sie niemand kennt und wahrnimmt. Die beste Visitenkarte hilft nichts, wenn sie niemand in die Hand bekommt. Sie brauchen also Aufmerksamkeit und müssen sich bei Ihrer Zielgruppe bekannt machen.

Wie das am besten gelingen kann? Wie immer: Es kommt drauf an – auf den konkreten Einzelfall. Soziale Netzwerke können eine wertvolle Hilfe sein, in manchen Bereichen auch Zeitungsannoncen in Verbindung mit Pressearbeit. Sehr wertvoll sind aber vor allem persönliche Kontakte und unermüdliche Netzwerkarbeit und das ebenso berühmte wie zeitaufwendige „Klinkenputzen".

Die folgenden Ausführungen sollen Ihnen dabei helfen, für sich die richtige Entscheidung zu treffen, welche Marketingmaßnahmen Sie umsetzen wollen. Diese kosten Geld und das entsprechende Budget muss im Businessplan angesetzt werden.

Annoncen

„Ich habe eine sündhaft teure, vierfarbige Anzeige in der Tageszeitung geschaltet und die Resonanz war gleich null." Das hört man immer wieder. Leider führen Annoncen oft nicht zum erwünschten Erfolg, obwohl sie eine Menge Geld kosten.

Das liegt nicht nur daran, dass Tageszeitungen vielfach mit einem erheblichen Rückgang ihrer Abonnenten und Leser zu kämpfen haben. Oft ist die Tageszeitung einfach auch sonst nicht das richtige Medium, während sie in anderen Fällen die erste Wahl ist oder zumindest unbedingt „dazugehört". Mit etwas Geschick oder professioneller Hilfe können Sie testen, wie das in Ihrem Fall aussieht, und sich im Ergebnis vielleicht viel Geld sparen.

> Versuchen Sie, eine Pressemitteilung in dem gewünschten Printmedium zu platzieren und warten Sie die Resonanz ab. Häufig wird es gar keine spürbare Resonanz geben. Das gleiche „Schicksal" hätte dann auch eine Anzeige „erlitten", nur das Lehrgeld wäre mitunter um ein Vielfaches höher gewesen.

Pressemitteilung

Eine Pressemitteilung dient in aller Regel Marketingzwecken – wie eine Annonce auch. Sie soll eine bestimmte Botschaft kommunizieren. Anders als bei der Anzeige können Sie aber nicht sicher sein, ob Ihre Botschaft gedruckt wird. Sie texten erst einmal für den zuständigen Redakteur mit dem

Ziel, dass dieser Ihre Mitteilung überhaupt liest und dann im nächsten Schritt in die Zeitung oder Zeitschrift bringt – verändert oder im besten Fall unverändert. Sie müssen also schon im Betreff Interesse wecken, wenn Ihre Pressemitteilung es in das entsprechende Medium (auch z. B. auf eine Internetseite) schaffen soll.

Mit Übung, Erfahrung und etwas Geschick werden Ihre Mitteilungen eventuell exakt so gedruckt, wie Sie sie formuliert haben. Eine Pressemitteilung unterliegt anderen Regeln als eine Anzeige. Der verantwortliche Redakteur ist seinem journalistischen Gewissen verpflichtet (und natürlich den wirtschaftlichen Interessen des Arbeitgebers) und wird sich i. d. R. nicht für offensichtliche Werbezwecke „einspannen" lassen. Plumpe Werbung „getarnt" als Pressemitteilung hat i. d. R. keine Chance. Dafür gibt es kostenpflichtige Annoncen.

Die Zeiten sind allerdings auch für Verlagshäuser schwieriger geworden und man hört immer häufiger, dass Unternehmen von sogenannten Kopplungsgeschäften berichten. Das funktioniert – vereinfacht dargestellt – so: Der Unternehmer schaltet eine oder mehrere Anzeigen und bekommt zusätzlich noch einen kleineren oder größeren redaktionellen Bericht im jeweiligen Blatt. Erlaubt ist das nicht. Es gibt das Gebot der Trennung von Werbung und redaktionellem Teil, um Irreführungen etc. zu vermeiden.

Die Tatsache, dass etwas rechtswidrig ist, heißt jedoch (auch hier) nicht, dass das Rechtswidrige nicht dennoch geschieht. Für Sie als (angehender) Unternehmer ist es wichtig, sowohl die Regeln als auch die Realität zu kennen. Nur wer Regeln kennt, kann sich auch danach richten und für sich die richtigen Entscheidungen treffen.

Der Inhalt Ihrer Pressemitteilung sollte

- wahr sein (dass er das in der Realität nicht immer ist, steht auch außer Frage),
- für einen größeren Teil der Leser von Interesse sein,
- informativ sein,
- aktuell sein und
- sachlich sein (kein zu starkes Eigenlob, keine Herabsetzung anderer Personen etc.).

Bei der äußeren Form der Mitteilung erleichtert es die Arbeit, wenn der Text übersichtlich gegliedert und gut lesbar ist. Fassen Sie sich kurz und schreiben Sie auf keinen Fall mehr als eine DIN-A4-Seite – eher deutlich weniger.

Versenden können Sie die Mitteilung in aller Regel per E-Mail. Ersparen Sie der Redaktion jedoch die Versendung als Dateianhang – womöglich noch mit umfangreichem Bildmaterial und Grafiken. Damit wird sich i. d. R. niemand beschäftigen wollen und aus zeitlichen Gründen auch gar nicht können. Schreiben Sie Ihren Text ruhig ganz schlicht in eine „normale" E-Mail und beantworten Sie die üblichen „W-Fragen" (wer, was, wann, wo, wie, warum?).

Formulieren Sie dazu eine gute Schlagzeile, die das Interesse des Redakteurs weckt. Nur diese könnte darüber entscheiden, ob Ihre Mitteilung komplett gelesen wird. Ist schon die Schlagzeile nicht interessant oder zu reißerisch, landet Ihre E-Mail vielleicht direkt im virtuellen Papierkorb – ungelesen.

! Orientieren Sie sich in puncto Inhalt und Stil an dem jeweiligen Blatt, in dem die Mitteilung veröffentlicht werden soll. Grundsätzlich gilt: Formulieren Sie einfach und in kurzen, verständlichen Sätzen. Vermeiden Sie möglichst Fachausdrücke und Fremdwörter. Wenn diese nicht vermeidbar sind, erklären Sie die Begriffe.

Über diese eher formalen Dingen hinaus brauchen Sie aber natürlich auch einen geeigneten Anlass für Ihre Pressemitteilung. Die bevorstehende Geschäftseröffnung reicht meist nicht aus, wenn es nicht gerade ein für den Standort sehr interessantes größeres Vorhaben ist. Die Berichte über die Eröffnung kleinerer „Läden" stehen oft in Verbindung mit bezahlten Annoncen.

Es kommt auf Ihr Geschick und/oder Ihre Kontakte, aber auch auf die Seriosität und Geschäftspolitik des Medienanbieters an, ob über Ihre Eröffnung berichtet wird, ohne dass man gleich einen Vertragsabschluss über bezahlte Annoncen erwartet.

Anlass für eine Pressemitteilung kann jedoch ein besonderes soziales Engagement an. Viele Menschen haben dabei Berührungsängste. „Ich soll mich sozial engagieren, nur um in die Zeitung zu kommen?" Nein, natürlich nicht. Das würde schnell unglaubwürdig wirken.

Umgekehrt wird ein Schuh draus: Wenn Sie sich sozial engagieren (und viele Menschen tun das in ihrem Umfeld) reden Sie auch darüber! Es ist nichts dabei, sondern ganz im Gegenteil: „Tue Gutes und rede darüber" ist nicht nur für Sie als engagierter Mensch gut, sondern dient auch der guten Sache. Ein entsprechender Bericht sensibilisiert für die Notwendigkeit, etwas zu tun, zeigt Betätigungsfelder auf und kann Menschen bewegen, ebenfalls eine gute Sache zu unterstützen. Mit allzu viel Bescheidenheit ist hier niemandem gedient. Es spricht also nichts dagegen, sich auch als Unternehmer/in zu engagieren und vorhandenes Engagement auch publik zu machen.

Die Möglichkeiten des Engagements sind vielfältig: Alles, was Sie als Unternehmer/in tun wollen, können Sie auch einen Tag lang z. B. für eine soziale Hilfseinrichtung oder einen gemeinnützigen Verein in Ihrer Region tun. Ähnlich wie ein Benefizkonzert ebenso gemeinnützig wie medienwirksam ist, können es in kleinerem Rahmen auch kleinere Aktionen sein. Ein Motorradverleih könnte z. B. kurze Rundfahrten gegen Entgelt organisieren und den Erlös einem guten Zweck spenden. So etwas ist ein nettes Fotomotiv für die Tageszeitung – die Rundfahrten machen Spaß, erregen Aufmerksamkeit, erhöhen den Bekanntheitsgrad und sozial ist es außerdem.

Ein kleines, aber ausgefallenes „Eröffnungsevent" eignet sich ebenfalls gut für eine Pressemitteilung. In Ihrer Gaststätte könnten Nachwuchsmusiker, Künstler etc. aus Ihrer Region oder Ihrem Bekanntenkreis auftreten. Für ein Textilgeschäft bietet sich eine Modenschau an – vielleicht mit Senior-Models oder Schülerinnen, die gern für ein Taschengeld etwas vorführen möchten. Verfügen Sie über öffentlich zugängliche Räume? Dann könnten Sie eine Ausstellung organisieren, bei der Nachwuchskünstler ihre Werke der Öffentlichkeit präsentieren können. Oder wie wäre es mit einer „Beach-Party" mit echtem Sand und Cocktails in Ihrem

Sonnenstudio? Die Möglichkeiten sind mit etwas Kreativität auch mit kleinem Budget nahezu unbegrenzt.

Manchmal reicht es auch aus, die Dinge einfach etwas anders zu machen als normalerweise. „Business as usual", aber an einem ungewöhnlichen Ort oder zu einer ungewöhnlichen Zeit: Vollmond-Seminare für Nachtschwärmer, Moonlight-Shopping, Beratung/Verkauf unter freiem Himmel etc.

Es gibt zudem unzählige (Feier-)Tage, die Sie als Aufhänger für ein bestimmtes Motto oder eine kreative Idee nutzen könnten. Listen von Gedenk- und Aktionstagen finden Sie im Internet.

Kreative Ideen kommen Ihnen bei der Vielzahl der Themen sicher wie von selbst.

Selbstmarketing

Unzählige Existenzgründer scheitern nicht an fachlichen Qualifikationen, sondern maßgeblich daran, dass sie „sich" oder besser: ihre Leistung nicht verkaufen können. Eine realistische Selbsteinschätzung ist daher wichtig.

Jeder Existenzgründer und jeder Unternehmer muss verkaufen können – mehr oder weniger: sich selbst und/oder seine Produkte. Je nachdem, was Sie tun oder planen, ist das absolut existenziell. Wer mit hoher Fachkompetenz bestimmte persönliche Dienstleistungen anbieten möchte, sich aber nicht (gut) präsentieren und vermarkten kann, wird ganz sicher weit unter seinen Möglichkeiten bleiben oder sogar scheitern. „Das ist nicht gerecht", denken Sie vielleicht jetzt. Stimmt. Das ist es nicht. Es ist auch nicht richtig. Es ist aber die Realität.

> Es spielt leider (fast) keine Rolle, wie gut Sie sind, wenn Sie sich „schlecht" verkaufen!

Die wirtschaftlich Erfolgreichsten sind keineswegs immer die Besten. Weit gefehlt. Es sind allzu oft nur die, die sich am besten verkaufen. Sehen sie sich um: Sie werden in jeder größeren Organisation, in der Politik, in Vereinen und höchstwahrscheinlich auch in Ihrem ganz privaten Umfeld Beispiele dafür finden. Das ist im Geschäftsleben genauso: Oft bekommen nicht die Besten die Aufträge. Oft bekommen auch nicht diejenigen die Aufträge, die das beste Preis-Leistungs-Verhältnis bieten. Allerbeste Chancen haben diejenigen, die sich am besten verkaufen und/oder die am besten vernetzt sind.

> Gute Verkäufer mit mittelmäßigen Produkten sind erfolgreicher als mittelmäßige Verkäufer mit exzellenten Produkten.

Selbstmarketing ist aber nicht nur wichtig, wenn es darum geht, Kunden zu gewinnen. Selbstmarketing spielt im Grunde bei jedem geschäftlichen Kontakt eine Rolle, sei es im Bankengespräch, bei Verhandlungen mit potenziellen Lieferanten oder Kooperationspartnern, usw.

Leistung allein reicht nicht aus! Angeblich werden mehr als 60 Prozent der zu besetzenden Stellen über Beziehungen vermittelt und nur in rund 10 % der Fälle soll Leistung den Ausschlag geben. Ob die Zahlen so stimmen oder nicht, ist gar nicht entscheidend.

> Unterschätzen Sie also nie die Erfolgsfaktoren Vita-
> min B und Selbstmarketing! Wer allein durch Leistung
> überzeugen will, hat es schwer!

Investieren Sie also nicht nur in die Qualität Ihres Angebots,
sondern investieren Sie in sich und Ihre Persönlichkeit, damit
Sie auch so gut wirken, wie Sie sind. Das liest sich vielleicht
banal – ist es aber nicht. Investitionen in Ihre Persönlichkeits-
entwicklung sind wahrscheinlich die besten und wichtigsten
Investitionen, die Sie im Leben tätigen können.

Es gibt viel Literatur zu Selbstmarketing, Networking, usw.
Tatsächlich können Sie sich aber ein wirklich gutes Selbstmarketing nicht anlesen. Sie können sich Tipps holen, sich
zum Nachdenken anregen lassen, das ein oder andere besser machen und mögliche Fehler erkennen. Nicht mehr.
Nicht weniger. Sie können und sollen Ihre Persönlichkeit
nicht grundlegend verändern. Sie können auch nicht durch
ein bestimmtes Tun oder Unterlassen so tun, als seien Sie
ein großartiger Netzwerker und Selbstvermarkter. Das wird
gründlich schiefgehen, weil Sie so nicht authentisch und
glaubwürdig sein können.

Selbstmarketing muss Ihre Persönlichkeit berücksichtigen.
Niemand wird auf alle möglichen potenziellen Kunden glei-
chermaßen überzeugend wirken und es gibt Menschen, die
werden sich nie so „verkaufen" können wie es für einen
geschäftlichen Erfolg nötig ist.

Das ist kein unüberwindbares Hindernis. Es ist nur wichtig,
seine eigene Persönlichkeit mit allen Chancen, Potenzialen,
aber auch Grenzen zu kennen und richtig einzuschätzen.

Dann kann man entsprechend handeln und an sich arbeiten, sich ein geeigneteres Geschäftsfeld suchen oder einen Geschäftspartner, der ergänzende Fähigkeiten mitbringt usw.

Auf den Punkt gebracht

Eine realistische Selbsteinschätzung ist ein entscheidender Erfolgsfaktor. Das gilt ganz besonders dann, wenn der geschäftliche Erfolg stark von einer optimalen Selbstvermarktung abhängig ist wie z. B. bei persönlichen Dienstleistungen. Eine gute, authentische Selbstvermarktung kann man schulen und in gewissem Maße „erlernen", aber nicht „auf die Schnelle". Das ist ein längerer Entwicklungsprozess. Zumindest für die erste Zeit braucht es daher bei erkannten Schwächen in diesem Punkt eine Lösung, wie der Businessplan dennoch erfolgreich umgesetzt werden kann – etwa mit Vertriebsunterstützung durch einen Geschäfts- oder Kooperationspartner.

---

6. Teil: Aufbau- und Ablauforganisation

Ihr Businessplan sollte die wichtigsten Punkte zur Aufbau- und Ablauforganisation enthalten.

„Aufbauorganisation" meint die hierarchische Ordnung innerhalb Ihres Unternehmens. Vielleicht gibt es da gar nicht viel zu beschreiben, weil Sie als „Einzelkämpfer starten und ohnehin für alles zuständig und verantwortlich sind. Selbstständig bedeutet tatsächlich oft: selbst und ständig.

Trotzdem sind ein paar erläuternde Worte nötig, auch mit Blick auf die Zukunft und unter dem Risikoaspekt. Was passiert z. B. im Fall von Auftragsspitzen oder Krankheit? Wer erledigt die Dinge, die zu erledigen sind – etwa aufgrund gesetzlicher Vorgaben –, die Sie aber nicht selbst erledigen können? Niemand kann alles und als Unternehmer ist es wichtig, dass Sie sich auf das Wesentliche konzentrieren können statt z. B. auf zeitintensive Bürokratie.

Mindestens solche organisatorischen Fragen sind also auch und gerade für Kleinstunternehmen zu beantworten.

Grundsätzlich geht man im Zusammenhang mit der Aufbau-organisation unabhängig von der Größe des Unternehmens so vor, dass man in einem ersten Schritt die Gesamtaufgabe des Betriebs analysiert und dann in Teilaufgaben zerlegt. Diese werden in einem weiteren Schritt zu einzelnen Arbeits-stellen zusammengefasst.

Im Rahmen der Ablauforganisation geht es um das Gestal-ten der einzelnen Arbeitsprozesse und die Frage, wann, wo, wie und durch wen welche Aufgaben zu erledigen sind.

Die Aufbauorganisation

Wenn Sie Ihren Businessplan für ein Unternehmen schreiben, das mehrere Personen umfasst, können Sie den hierarchi-schen Aufbau am besten in einem übersichtlichen Schaubild darstellen.

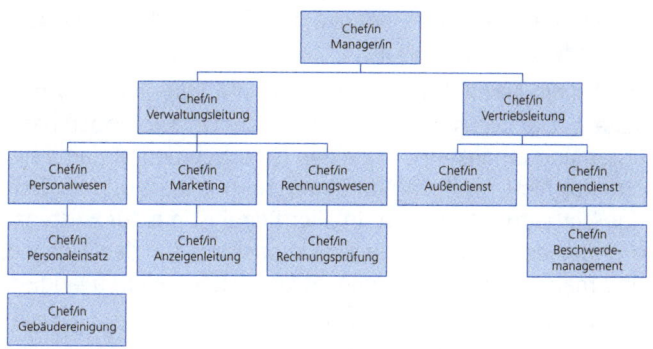

Organigramm einer Einzelunternehmung ohne Mitarbeiter
(Quelle: Praxisratgeber Existenzgründung, 4. Aufl., Sandra
Bonnemeier, Beck-Wirtschaftsberater im dtv)

Die Abbildung zeigt ein Beispiel für ein Organigramm eines
Unternehmens – hier sogar eines Einzelunternehmens ohne
Mitarbeiter. Die Funktionen, die ein Selbstständiger hier
erfüllen muss sind sehr vielfältig – deshalb lohnt es sich zu
überlegen, ob man wirklich für alles allein verantwortlich
sein will oder ob man bestimmte Bereiche vielleicht doch
nach außen geben solle.

Ein Organigramm sollte die Struktur eines Unternehmens an-
schaulich und übersichtlich darstellen. Für Ihr Unternehmen
können Sie zwischen verschiedenen Organisationsformen
wählen.

Das Einliniensystem

Ein gängiges System ist das sogenannte Einliniensystem, das
sich besonders für kleinere Unternehmen sehr gut eignet.

Dem System liegt der Gedanke der „Einheitlichkeit der Auf-
tragserteilung" zugrunde.

Jede Stelle erhält ihre Anweisungen nur von einer einzigen
Instanz. Der Dienstweg verläuft in einer Linie von oben nach
unten und umgekehrt. In kleinen Unternehmen ist damit bei
ordentlicher Umsetzung für übersichtliche, klare und eindeu-
tige Verhältnisse gesorgt. In aller Regel ist das für Existenzgründer eine perfekte Organisationsform für den Einstieg
und manchmal auch ein ganzes Unternehmerleben lang.

Wahrscheinlich halten Sie dieses Büchlein nicht in den Hän-
den, weil Sie einen Businessplan für ein großes Unternehmen, einen Konzern oder einen Global Player schreiben
wollen. Darum dürften die folgenden Systeme allenfalls für
die Zukunft, für ein künftiges Wachstum von Interesse sein.
Sie werden daher nachfolgend auch nur kurz dargestellt.

Das Mehrliniensystem

Je nach Größe des Unternehmens wird im Einliniensystem
der Dienstweg viel zu lang. Dabei gehen Informationen
ebenso verloren wie Flexibilität und eine Menge wertvoller
Zeit. Die Stellen mit Leitungsfunktion können auch schnell
überlastet sein, was sich auf sie selbst, aber auch auf alle
Abläufe und ihre Mitarbeiter negativ auswirkt.

Diese Probleme soll das Mehrliniensystem verhindern oder
wenigstens reduzieren. Dabei erhalten Mitarbeiter Anweisungen von verschiedenen Personen mit unterschiedlichen
Leitungsfunktionen.

> **Beispiel**
>
> *Produktionsmitarbeiter P erhält von seinem Fertigungsmeister Anweisungen, an welcher Maschine er arbeiten soll. Bei Qualitätsproblemen mit dem Rohmaterial ist der Qualitätsleiter verantwortlich und wie der Arbeitsplatz unter Sicherheitsaspekten zu verlassen oder an die nächste Schicht zu übergeben ist, entscheidet im Zweifel der Beauftragte für Arbeitssicherheit.*

Matrixorganisation

Die Matrixorganisation ist eine Variante des Mehrliniensystems. Auch hier gibt es mehrere Instanzen, denen die Mitarbeiter unterstellt sind. Die übergeordneten Instanzen sind einerseits an Tätigkeiten ausgerichtet (z. B. Einkauf, Produktion oder Vertrieb) und andererseits an Objekten wie z. B. Produktgruppen (z. B. Reifen, Lenkungsanlagen, Bremsen).

Der schwerfällige Instanzenweg wird hier reduziert und Spezialwissen gut genutzt. Es besteht aber immer die Gefahr von Kompetenzüberschneidungen und widersprüchlichen Anweisungen. Eine klare Trennung der Verantwortlichkeiten ist kaum möglich.

Da braucht es ein sehr gutes Miteinander, besondere Professionalität und Sozialkompetenz, damit es nicht zu starker Verunsicherung und Unzufriedenheit der Mitarbeiter und einem insgesamt sehr schwierigen Miteinander kommt.

Darüber hinaus gibt es noch Spartenorganisation, z. B. für große Unternehmen mit einem stark variierenden Produktionsprogramm. Für verschiedene Produkte bildet man z. B. Sparten mit eigenen Verantwortungsbereichen. Den Sparten

1, 2 oder 3 ordnet man z. B. anschließend eine eigene Einkaufs- und Verkaufsabteilung zu.

Die obigen Informationen reichen in aller Regel vollkommen aus, um vernünftige Aussagen zur Organisation des Unternehmens in Ihrem Businessplan zu treffen.

Wenn Sie den Businessplan für Ihr „Ein-Mann-Unternehmen" oder Ihr „Ein-Frau-Unternehmen" bzw. ein sehr kleines Unternehmen schreiben, ist es wichtig, dass klar wird, welche Aufgaben Sie selbst übernehmen und welche Sie z. B. an externe Dienstleister vergeben.

Bei den wesentlichen Aufgaben, die Sie selbst übernehmen, sollte auf jeden Fall deutlich werden, dass Sie dazu in der Lage sind und warum. Vielleicht geht das aus Ihrem Lebenslauf bereits hervor und Sie können eine einschlägige Ausbildung und/oder Berufspraxis vorweisen. Ist das nicht der Fall, beschreiben Sie, warum Sie z. B. in der Lage sind, sich selbst um Ihre Buchführung zu kümmern, um steuerliche Angelegenheiten, um den Vertrieb usw.

Das Gleiche gilt, wenn Freunde oder Angehörige Ihnen helfen. Auch diese müssen für die Aufgaben qualifiziert sein.

Machen Sie immer deutlich, dass und warum die jeweilige Person für die Aufgabe qualifiziert ist und beschreiben Sie, welche Aufgaben Externe übernehmen sollen.

Die sorgfältig geschätzten Kosten dafür gehören später auch in Ihre Planzahlen. Darum sind die organisatorischen Fragen auch schon zu einem recht frühen Zeitpunkt zu klären. Sie hängen unmittelbar mit der Finanzierung des Vorhabens und einer soliden finanziellen Grundlage zusammen.

Ablauforganisation

Auch die Überlegungen zur Ablauforganisation sind nicht so umfassend, wenn Sie (zunächst) allein arbeiten. In dem Fall stellt sich z. B. nicht die Frage, welche Tätigkeiten zu einer Stelle zusammengefasst werden könnten und wer diese ausfüllen soll. Sie sind selbst für alles zuständig und verantwortlich. Vielleicht soll das aber nicht so bleiben und dann sind schon ein paar weiterführende Gedanken sinnvoll und nötig.

Hilfreich ist es auch, sich zumindest einmal grundlegend mit dem Thema zu beschäftigen, wenn Sie ein Unternehmen mit einigen Mitarbeitern übernehmen wollen. Vielleicht gibt es ja noch Verbesserungspotenzial und es ist eben nicht alles optimal organisiert, was Aufbau und Abläufe angeht.

Ergebnis der Planung der Ablauforganisation soll es sein, die konkreten Tätigkeiten, die zur Erfüllung der Teilaufgaben im Unternehmen zu erledigen sind, festzulegen. Es geht um effiziente Arbeitsabläufe und die Verbindung der Teilaufgaben zu einem möglichst reibungslosen Ablauf im Sinne der unternehmerischen Ziele.

Konkret müssen Sie sich Gedanken darüber machen,

- welche Tätigkeiten überhaupt anfallen werden,

- in welcher Reihenfolge diese zu erledigen sind,

- wie viel Zeit dafür jeweils einkalkuliert werden muss,

- bis wann was erledigt sein muss (z. B. Steuertermine, Liefer- und Zahlungsfristen etc.),

- wo genau diese Tätigkeiten erledigt werden sollen (Stichworte: Wirtschaftlichkeit, kurze Wege) und

- welche Tätigkeiten Sie zu einer Arbeitsstelle zusammen-
fassen können.

Im nächsten Schritt ordnen Sie den vorher bestimmten
Stellen geeignete Personen zu oder beschreiben, welche
Qualifikationen diese Personen brauchen. Kann z.B. eine
kaufmännische Angestellte alle Bürotätigkeiten inklusive der
Buchführung erledigen und den Rest macht der Steuerberater? Oder ist es besser, jeweils speziell qualifizierte Teilzeit-
kräfte mit unterschiedlichen Aufgaben zu betrauen? Das
können Sie nur im konkreten Einzelfall entscheiden.

Das Personalwesen ist ein sensibler Bereich, der oft in jeder
Hinsicht unterschätzt wird. Qualifizierte, motivierte Mitarbeiter sind Ihre wichtigste Ressource.

Wenn Sie sofort oder später Personal benötigen, gehen Sie
in Ihrem Businessplan auf die folgenden Fragen ein:

- Werden Sie zu Beginn oder später Mitarbeiter benötigen?
Wenn ja, wie viele?

- Welche Art von Zusammenarbeit planen Sie (Festanstel-
lung, Vollzeit, Teilzeit, Minijobs, Zeitarbeit, freie Mitarbeit)?

- Welche fachlichen und persönlichen Qualifikationen brauchen Ihre Mitarbeiter?

- Benötigen Sie Spezialwissen und – wenn ja – bekommen
Sie entsprechende Leute und können Sie diese halten und
bezahlen?

- Wie verhindern Sie eine zu große Abhängigkeit von spe-
zialisierten Mitarbeitern?

- Haben Sie an Vertretungsregelungen gedacht (Urlaub/
Krankheit)?

- Sind (regelmäßige) Schulungsmaßnahmen erforderlich und vorgesehen (Kosten berücksichtigen!)?

- Wie hoch sind die üblichen Löhne und Gehälter?

- Welche Sozialleistungen fallen an und wie hoch sind die Arbeitgeberanteile zu den Sozialversicherungen?

- Benötigen Sie Versicherungsschutz z. B. für mögliche Vertrauensschäden (Diebstahl etc.)?

- Haben Sie geprüft, ob Sie Fördermittel/Zuschüsse zu den Personalkosten erhalten können?

- Was müssen Sie arbeits- und tarifrechtlich berücksichtigen (z. B. Mindestlohn)?

- Woher bekommen Sie rechtssichere Arbeitsverträge?

Wenn Sie die Umsetzung Ihres Businessplans ohne Personal „stemmen" möchten, ist es wichtig, dass Sie glaubhaft darlegen, dass dies auch realistisch möglich ist und der Bestand des Unternehmens voraussichtlich nicht durch Urlaub oder Krankheit gefährdet wird.

Auf den Punkt gebracht

Beschreiben Sie in diesem Kapitel, dass und wie Sie Ihr Unternehmen und die anfallenden Aufgaben so organisieren, dass alles möglichst reibungslos läuft.

7. Teil: Die rechtliche Seite

Das Thema Recht ist immer wichtig: vor, während und nach erfolgter Gründung. Vielleicht ist Ihr Vorhaben genehmigungspflichtig oder von anderen Voraussetzungen abhängig? Diese müssen Sie kennen, erfüllen und auch in Ihrem Businessplan beschreiben.

Andernfalls kann z. B. ein Darlehensgeber gar nicht wissen, ob es realistisch ist, dass Sie Ihr Vorhaben jemals in die Tat umsetzen werden. An dem geplanten Standort könnten bestimmte Auflagen zu erfüllen sein. Für manche Berufe gilt ein besonderes Standesrecht (z. B. für Ärzte oder Rechtsanwälte). Ihre Werbung, Ihr Marketing und selbst Ihre Preisauszeichnung haben rechtliche Aspekte. Es gibt im Grunde keinen Bereich Ihres Unternehmens, der nicht in irgendeiner Art und Weise auch juristische Aspekte umfasst.

In jedem Bereich und in jeder Branche gibt es spezifische Rechte und Pflichten. Dies könnten beispielsweise Vorschriften zur Lagerung und Kühlung von Lebensmitteln, die Rücknahme von Pfandgut, die Abfallentsorgung, Widerrufsrechte, Hygienevorschriften, wettbewerbsrechtliche Besonderheiten und vieles mehr sein.

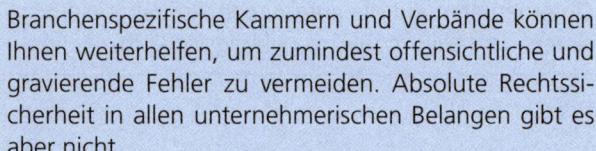

Branchenspezifische Kammern und Verbände können Ihnen weiterhelfen, um zumindest offensichtliche und gravierende Fehler zu vermeiden. Absolute Rechtssicherheit in allen unternehmerischen Belangen gibt es aber nicht.

Mit rechtlichen Fragen muss sich jeder Unternehmer beschäftigen. Potenzielle Fallstricke lauern fast überall. Schon für Privatpersonen ist ein allumfassender Überblick auch beim allerbesten Willen nicht möglich. Das gilt selbst für juristisch ausgebildete Personen. Wozu bräuchte es sonst Fachanwälte für Spezialgebiete? Wie könnte es sonst zu unterschiedlichen Einschätzungen und Rechtsauffassungen kommen, wenn alles klar und transparent wäre?

Was schon für Juristen und für „normale" Bürger nicht möglich ist, kann auch Unternehmern nicht gelingen. Es gibt also keine 100 %ige Rechtssicherheit. Unternehmertum birgt immer Risiken, so wie das Leben immer Risiken birgt.

Die Risiken sollten aber niemanden von seinen Unternehmungen abhalten. Sie sollten aber wenigstens die existenziellen Risiken kennen und sich gut absichern. Im Übrigen können Sie sich nur gut informieren und nach bestem Wissen und Gewissen handeln.

An dieser Stelle soll es daher auch „nur" darum gehen, Sie für wichtige und häufige rechtliche Probleme zu sensibilisieren, damit Sie entsprechend vorbeugen, sich näher informieren und/oder sich Hilfe holen können, wenn nötig.

Bringen Sie Ihr Unternehmen in die richtige (rechtliche) Form

In Ihren Businessplan gehört auf jeden Fall eine Aussage zur Rechtsform Ihres Unternehmens und zu den Gründen, warum diese Rechtsform die richtige ist. Vielleicht ist sie es auch nur für den Anfang und mehr aus der Not heraus, etwa weil das Kapital zur Gründung einer GmbH fehlt. Das ist kein Problem und im Fall von Neugründungen eher die Regel als die Ausnahme.

Von der Rechtsform hängt einiges ab und umgekehrt hängt die Rechtsform von zahlreichen Fragestellungen ab wie z. B.:

- Gründen/führen Sie das Unternehmen allein oder mit gleichberechtigten Partnern?

- Wer trägt die Verantwortung?

- Wie viel Kapital ist vorhanden?

- Brauchen Sie Fremdkapital (Wie viel? Gibt es genug Sicherheiten?)?

- Ist Haftungsbeschränkung wichtig?

- Ist in Ihrer Branche das Image der Rechtsform wichtig?

- Spielen steuerliche Aspekte eine Rolle?

- Wie wichtig sind geringe Formalitäten und Kosten bei/ nach erfolgter Gründung?

- Ist eine einfache Buchführung wichtig?

Sie können Ihre Rechtsform grundsätzlich frei wählen. Hiervon gibt es nur wenige Ausnahmen. Tatsächlich stehen aber nicht immer alle Rechtsformen zur Verfügung, wenn z. B. das nötige Mindestkapital nicht vorhanden ist oder es an anderen Voraussetzungen fehlt.

Prüfen Sie deshalb zunächst, welche Rechtsformen tatsächlich infrage kommen.

> **!** Bei einer Neugründung ist die erste Frage: Ist die geplante Tätigkeit freiberuflich oder gewerblich?

Manchmal liest man Zeitungsinserate wie z. B.: „Freiberufliche Mitarbeiter im Vertrieb gesucht!" Das ist Unsinn. Gemeint sind dabei gewerbliche Tätigkeiten, die selbstständig ausgeübt werden sollen. Mit Freiberuflichkeit und freien Berufen hat das nichts zu tun.

Bei der Wahl brauchen Sie Klarheit darüber, ob Sie einen freien Beruf oder eine gewerbliche Tätigkeit ausüben. Die Partnerschaftsgesellschaft kommt z. B. nur für Freiberufler infrage. Wer einen „freien Beruf" in der Rechtsform der GmbH ausüben will, verliert die Vorteile der Freiberuflichkeit wie z. B. die Gewerbesteuerfreiheit.

Freie Berufe

Ein freier Beruf ist etwas anderes als eine freie Mitarbeit. Ein freier Mitarbeiter arbeitet selbstständig und i. d. R. mit verschiedenen Unternehmen zusammen, ohne dass es sich um ein Angestelltenverhältnis handelt. Diese Tätigkeit kann gewerblich oder freiberuflich sein.

Die Ausübung eines freien Berufs führt zu Einkünften aus selbstständiger Arbeit nach § 18 EStG. Gewerbetreibende hingegen erwirtschaften Einkünfte aus Gewerbebetrieb nach § 15 EStG. Der Freiberufler genießt gegenüber dem Gewerbetreibenden einige Vorteile:

- keine Gewerbeanmeldung

- keine Pflichtmitgliedschaft in der IHK

- keine Gewerbesteuer

- keine Pflicht zur doppelten Buchführung

- Möglichkeit der Ist-Versteuerung (bei Gewerbetreibenden
  nur eingeschränkt)

Welche Berufe zählen zu den freien Berufen? Das ist nicht
abschließend eindeutig geregelt. Zu den ausdrücklich im
Einkommensteuergesetz und im Partnerschaftsgesellschaftsgesetz aufgezählten Berufe wie z. B. Ärzte, Steuerberater,
Ingenieure, Architekten, beratende Betriebswirte usw. kommen die „ähnlichen Berufe" hinzu – und hier ist immer eine
Einzelfallprüfung erforderlich.

Außerdem kann auch die Art der Tätigkeit dazu führen, dass
eine freiberufliche Tätigkeit zu einer gewerblichen Tätigkeit
wird. Dies wäre z. B. der Fall, wenn ein beratender Betriebs-
wirt zu einem gewissen Anteil gar nicht mehr nur beratend
tätig ist, sondern z. B. zusätzlich Hard- und Software an Unternehmen vertreibt. Letzteres ist eine eindeutig gewerbliche
Tätigkeit und kann schnell dazu führen, dass die gesamte
Tätigkeit als gewerblich einzustufen ist.

 Eine GmbH – auch wenn Sie durch Freiberufler gegründet und geführt wird – ist immer gewerblich.

Eine Anwalts-GmbH kann also z. B. nicht von Gewerbesteuerfreiheit profitieren.

Die Sache ist also nicht ganz einfach und sollte wegen der
mitunter weitreichenden finanziellen Konsequenzen unbedingt rechtzeitig geklärt werden.

In vielen Fällen ist aber durchaus Klarheit gegeben, wenn die
in den Gesetzen aufgelisteten Berufe so ausgeübt werden.
Das sind die sogenannten „Katalogberufe" gemäß § 18 Ein-

kommensteuergesetz (EStG) und ergänzend die zusätzlich in § 1 Partnerschaftsgesellschaftsgesetz (PartGG) genannten Berufe.

Klären Sie im Falle einer Existenzgründung im Zweifel unbedingt vorher mit dem zuständigen Finanzamt die Frage, ob Sie als gewerblich oder freiberuflich eingestuft werden. Kommt die Finanzbehörde sonst z. B. aufgrund einer Betriebsprüfung erst Jahre später zu dem Schluss, dass Ihre vermeintlich freiberufliche Tätigkeit die ganze Zeit tatsächlich gewerblich gewesen ist, kann das zu hohen Gewerbesteuernachforderungen zuzüglich Zinsen führen.

Bei der Entscheidung für eine Rechtsform spielen weitere Faktoren eine Rolle. **Die** optimale Rechtsform gibt es jedenfalls nicht. Für Existenzgründer ist die häufigste Rechtsform das Einzelunternehmen und oft auch die beste oder einzige Option. Vom Gründungsaufwand und den Gründungskosten her ist diese Rechtsform jedenfalls für jemanden, der die alleinige Verantwortung für sein Unternehmen tragen möchte oder muss, unschlagbar.

Zumindest für den Anfang ist eine Rechtsform wie das Einzelunternehmen mit geringer finanzieller und bürokratischer Belastung oft perfekt. Eine spätere Umwandlung in eine andere Rechtsform ist prinzipiell jederzeit möglich.

Bei einer Neugründung steht oft sehr schnell fest, dass zunächst „nur" folgende Rechtsformen infrage kommen, weil z. B. das Kapital für eine GmbH fehlt oder der sonst auch nicht unerhebliche Aufwand zu hoch ist:

- Einzelunternehmen
- Unternehmergesellschaft (UG)
- Gesellschaft des bürgerlichen Rechts (GbR) im Fall einer Unternehmensgründung durch mindestens zwei gleichberechtigte Partner

Auf jeden Fall ist es sinnvoll, sich im nächsten Schritt sorgfältig mit den jeweiligen Vor- und Nachteilen der Rechtsformen unter folgenden Kriterien zu beschäftigen:

- Finanzierungsmöglichkeiten
- Image
- Möglichkeiten der Namenswahl
- Branche
- Gestaltungsmöglichkeiten – in rechtlicher und steuerlicher Hinsicht
- Rechnungslegungs- und Informationspflichten
- rechtsformabhängige laufende Aufwendungen
- Flexibilität
- Kontinuität
- Haftung

Einzelunternehmen

Das Einzelunternehmen ist die häufigste Rechtsform. Sie entsteht unbürokratisch mit Aufnahme des Geschäftsbetriebs und erfordert kein gesetzlich vorgeschriebenes Mindestkapital. Der Inhaber entscheidet allein und sehr flexibel, trägt aber auch das unternehmerische Risiko allein und haftet mit seinem gesamten Privatvermögen. Deshalb genießt er grundsätzlich bei guter Bonität eine hohe Kreditwürdigkeit. Ein Einzelunternehmer ist nicht zwingend allein tätig, sondern kann beliebig viele Mitarbeiter haben. Er trägt lediglich die alleinige Verantwortung für sein Unternehmen. Die Rechtsform kommt also nicht in Betracht, wenn Sie Ihr Geschäft mit einem gleichberechtigten Partner führen möchten.

Bei den Einzelunternehmen unterscheidet man zwischen Kleingewerbetreibenden und Kaufleuten.

Worin besteht der Unterschied?

Um gleich mit einem häufigen Missverständnis aufzuräumen: Der Begriff „Kaufmann" setzt keine kaufmännische Ausbildung oder ein einschlägiges Studium voraus.

Definition: Kaufmann

Nach dem Handelsgesetzbuch (HGB) ist jede Person Kaufmann, die ein Handelsgewerbe betreibt. Ein Handelsgewerbe ist nicht etwa nur der Handel, z. B. durch An- und Verkauf von Waren, sondern grundsätzlich jeder Gewerbebetrieb:

§ 1 HGB
(1) Kaufmann im Sinne dieses Gesetzbuchs ist, wer ein Handels-
gewerbe betreibt.
(2) Handelsgewerbe ist jeder Gewerbebetrieb, es sei denn, dass
das Unternehmen nach Art oder Umfang einen in kaufmänni-
scher Weise eingerichteten Geschäftsbetrieb nicht erfordert.

„Handelsgewerbe ist jeder Gewerbebetrieb" ist also die Regel und das „sei denn …" die Ausnahme. Wer nicht zu den Freiberuflern gehört, ist Gewerbetreibender, betreibt ein Handelsgewerbe und gehört grundsätzlich zu den Kaufleuten. Etwas anderes gilt, wenn „das Unternehmen nach Art oder Umfang einen in kaufmännischer Weise eingerichteten Geschäftsbetrieb nicht erfordert".

Wann ist das der Fall? Dazu hat die Rechtsprechung verschiedene Kriterien entwickelt. Entscheidend ist dabei immer das Gesamtbild des Einzelfalls. Bei der Einschätzung können Ihnen z. B. die Kammern helfen. Wesentliche Entscheidungskriterien sind:

- Umsatz

- Kapital

- Anzahl der Mitarbeiter und die Art der Tätigkeiten,

- Art der Geschäfte (Bar- oder Kreditgeschäfte)

- Vielfalt der Geschäfte und der Auftraggeber oder der Kunden

- Notwendigkeit der doppelten Buchführung

Gesellschaft bürgerlichen Rechts (GbR)

Was die Einzelunternehmung für Einzelpersonen ist, ist die GbR sozusagen für partnerschaftliche Unternehmungen.

Eine GbR ist eine mögliche Rechtsform, wenn Sie gemeinsam mit einem oder mehreren Partnern etwas „unternehmen" und ein gemeinsames Ziel verfolgen wollen. Das muss nicht einmal ein auf Dauer angelegtes Vorhaben sein, sondern kann sich z. B. auch auf die projektbezogene Zusammenarbeit verschiedener Experten beschränken, etwa um gemeinsam einen Kundenauftrag zu erledigen.

Gemeinsames Projekt „Internetseite"

Ein Texter, ein Übersetzer, ein Programmierer und ein Grafikdesigner schließen sich zeitweise zu einer GbR zusammen – mit dem gemeinsamen Ziel, für einen Kunden eine professionelle Internetseite in deutscher und englischer Sprache zu erstellen.

Die Gesellschaft bürgerlichen Rechts (GbR) nennt man auch „BGB-Gesellschaft". Das Bürgerliche Gesetzbuch (BGB) und hier konkret die §§ 705 bis 740 BGB bilden die gesetzliche Grundlage. Die GbR ist die Grundform der Personengesellschaften.

Der persönliche Einsatz der Gesellschafter steht im Vordergrund und nicht etwas das „Kapital" wie z. B. bei den sogenannten Kapitalgesellschaften (insbesondere GmbH und AG). Dabei kann eine GbR aber durchaus wirtschaftlich erheblich leistungsfähiger sein als eine GmbH. Es gibt nur kein Kapital, auf das die Haftung beschränkt wäre, sondern die Gesellschafter haften grundsätzlich unbeschränkt auch mit ihrem Privatvermögen.

> **!** Die GbR-Gesellschafter haften gesamtschuldnerisch. Das bedeutet, dass im „Fall der Fälle" nicht jeder nur mit einem Anteil haftet, sondern mit der gesamten Verbindlichkeit. Ein Gläubiger kann z. B. seine gesamte Forderung gegenüber demjenigen Gesellschafter geltend machen, der (mutmaßlich) am zahlungskräftigsten ist.

Ob es dem jeweiligen Gesellschafter in der Praxis dann gelingt, sich wenigstens einen Teil der Schuld von dem/den Mitgesellschafter/n zurückzuholen, ist zumindest oft fraglich.

Wollen Sie eine Unternehmung mit mindestens einem gleichberechtigten Partner angehen und ein kleineres, nicht-kaufmännisches Unternehmen gründen, kann die GbR die richtige Rechtsform für den Einstieg sein. Der finanzielle Aufwand zur Gründung und Führung einer solchen Gesellschaft sowie die bürokratischen Anforderungen sind vergleichsweise niedrig.

> **!** Eine GbR entsteht ganz einfach durch den Abschluss eines Gesellschaftsvertrags. Das kann sogar mündlich geschehen und braucht lediglich mindestens zwei übereinstimmende Willenserklärungen.

Ratsam ist das aber nicht, weil mündliche Verträge schnell zu Missverständnissen und späteren (Beweis-)problemen führen.

Der Mindestinhalt eines solchen Vertrages ist in § 705 BGB geregelt: „Durch den Gesellschaftsvertrag verpflichten sich die Gesellschafter gegenseitig, die Erreichung eines gemeinsamen Zweckes in der durch den Vertrag bestimmten Weise zu fördern, insbesondere die vereinbarten Beiträge zu leisten."

Zur Gründung einer GbR reichen also

• die beteiligten Personen (mindestens zwei Gesellschafter),

• der gemeinsame Zweck und

• der Wille, die Verpflichtung und eine Einigung darüber, den Zweck gemeinsam zu verfolgen und zu fördern.

Weil die Gründung so einfach ist, sind einige Menschen sogar Gesellschafter einer GbR, ohne dies zu wissen, z. B. die Mitglieder einer Tippgemeinschaft, Fahrgemeinschaft, Musikband oder Grundstücksgemeinschaft. Die gemeinsame Verfolgung eines bestimmten Zwecks reicht rechtlich bereits aus.

Eine GbR kommt nicht infrage für ein vollkaufmännisches Gewerbe, für das nach Art oder Umfang ein in kaufmännischer Weise eingerichteter Geschäftsbetrieb erforderlich ist.

Nahe liegend ist in einem solchen Fall die Gründung einer Offenen Handelsgesellschaft (OHG). Diese entsteht „automatisch", wenn sich eine GbR wirtschaftlich so entwickelt, dass nach Art und Umfang ein kaufmännisch eingerichteter Geschäftsbetrieb erforderlich wird.

Dann braucht es eine Handelsregistereintragung. Das Entstehen der OHG mit allen Rechten und Pflichten ist aber nicht von der Eintragung abhängig, sondern besteht auch dann, wenn diese versäumt wird. Das sollte man unbedingt vermeiden, um rechtlichen – auch steuerrechtlichen – Problemen vorzubeugen, und sich gut über die Kriterien informieren, die im Einzelfall zutreffen müssen, damit ein Handelsgewerbe entsteht.

Die Schriftform ist für einen GbR-Vertrag nicht vorgeschrieben. Es macht aber Sinn, zumindest die nachfolgenden Punkte schriftlich zu fixieren. Ein Vertrag hat nichts mit Misstrauen zu tun und ist auch unter Freunden und innerhalb der Familie absolut sinnvoll. Ein gut durchdachter, abgestimmter, rechtssicherer Vertrag schafft keine Probleme, sondern kann sie verhindern. Schlimmstenfalls führen Streitigkeiten zum Scheitern des Unternehmens. Mit klaren, schriftlichen Vereinbarungen kann man dem vielfach sehr gut vorbeugen – zum Erhalt der Freundschaft und des Familienfriedens.

Regeln Sie in Ihrem Vertrag darum mindestens:

- Rechtsform
- Name
- Namen und Anschrift der Gesellschafter
- Sitz der Gesellschaft
- Zweck der Gesellschaft
- Beginn der Gesellschaft
- Dauer der Gesellschaft (ggf. unbestimmt)
- Geschäftsjahr (entspricht üblicherweise dem Kalenderjahr)
- Einlagen und/oder Beiträge der einzelnen Gesellschafter (dies können auch bestimmte Leistungen sein)
- Wert der bereits erbrachten Einlagen und/oder Leistungen

- Anteile der Gesellschafter am Vermögen der Gesellschaft

- Berechtigung und Verpflichtung zur Geschäftsführung und Vertretung der Gesellschaft

- Wettbewerbsabsprachen (z. B. dahin gehend, dass kein Gesellschafter eine Tätigkeit aufnehmen darf, die in Konkurrenz zu der GbR steht)

- Folgen bei Verstößen gegen vertragliche Regelungen (z. B. Vertragsstrafe und/oder Herausgabeansprüche)

- Gewinn- und Verlustverteilung

- eventuelle Vergütungen für bestimmte Tätigkeiten,

- eventuelle Nachschusspflichten für den Fall von Verlusten und/oder Liquiditätsproblemen

- Entnahmerechte der Gesellschafter (je nach Lebensstil können die finanziellen Bedürfnisse der Gesellschafter sich sehr unterscheiden – es ist also für Gerechtigkeit und den Erhalt der Liquidität zu sorgen)

- Regelungen für den Fall des Todes einer oder mehrerer Gesellschafter

- Kündigungsmöglichkeit und -frist sowie Schriftformerfordernis

- Folgen bei Kündigung einer oder mehrerer Gesellschafter

- Auflösung der Gesellschaft und Vermögensverteilung

- Vereinbarungen zu Änderungen und Ergänzungen des Vertrages (sinnvollerweise wird hier das Schriftformerfordernis bestimmt)

- Gerichtsstand

Partnerschaftsgesellschaft

Nach § 1 Abs. 1 PartGG ist die Partnerschaft eine Gesellschaft, „… in der sich Angehörige Freier Berufe zur Ausübung ihrer Berufe zusammenschließen. Sie übt kein Handelsgewerbe aus. Angehörige einer Partnerschaft können
nur natürliche Personen sein."

Weil der freie Beruf **ausgeübt** werden muss, ist eine bloße
Kapitalbeteiligung nicht möglich. Die Partnerschaftsgesellschaft kommt (nur) für Freiberufler infrage.

Zur Gründung ist ein schriftlicher Partnerschaftsvertrag nötig
mit folgenden Mindestinhalten:

• Name und Sitz der Partnerschaft

• Name und Vorname sowie der in der Partnerschaft ausge-
  übte Beruf und der Wohnort jedes Partners

• Gegenstand der Partnerschaft

Ein Mindestkapital ist nicht vorgeschrieben, wohl aber die
Eintragung in das Partnerschaftsregister.

Im Innenverhältnis der Partner untereinander entsteht die
Partnerschaft mit dem Abschluss des Partnerschaftsvertrags.
Im Außenverhältnis wird sie erst durch die Eintragung in das
Partnerschaftsregister wirksam.

Die Partner haften für Verbindlichkeiten auch hier gesamt-
schuldnerisch und persönlich.

GmbH

Die GmbH ist eine Kapitalgesellschaft mit eigener Rechts-
persönlichkeit, also eine juristische Person (§ 13 GmbHG).

Die Geschäfte der GmbH rechnet man nicht den einzelnen Gesellschaftern, sondern der Gesellschaft zu. Sie ist selbst Träger von Rechten und Pflichten. Eine GmbH schließt Verträge ab, kann vor Gericht klagen und verklagt werden und muss Steuern zahlen. Die Haftung ist grundsätzlich auf das Haftungskapital beschränkt.

Vor der Eintragung ins Handelsregister muss ein Stammkapital in Höhe von 25.000 € vorhanden und ein Geschäftsführer bestellt sein. Man unterscheidet zwischen einer Bargründung und einer Sachgründung.

Sacheinlagen können Sachen oder Rechte sein. Das ist relativ einfach – schwieriger wird es bei der korrekten Bewertung der Sacheinlagen, die in einem Sachgründungsbericht dargelegt werden muss. Wer sich nicht wirklich gut in solchen Angelegenheiten auskennt, sollte unbedingt die Hilfe eines fachkundigen Rechtsanwalts oder eines Steuerberaters in Anspruch nehmen. Für die Eintragung einer GmbH in das Handelsregister ist außerdem ein Notar nötig.

Die GmbH kann später mit dem Stammkapital arbeiten. Für Gläubiger bedeutet das leider viel zu oft, dass im Falle einer Insolvenz nichts mehr bei der GmbH zu holen ist, obwohl es theoretisch das Haftungskapital geben müsste. In der Praxis ist es an der Tagesordnung, dass ein Antrag auf Eröffnung eines Insolvenzverfahrens mangels Masse abgelehnt wird, weil nicht genug Kapital vorhanden ist, um die Kosten des Insolvenzverfahrens zu decken. Deshalb genießt die GmbH im Geschäftsverkehr und besonders bei potenziellen Kreditgebern mitunter keinen guten Ruf – etwa im Vergleich zu einem Einzelunternehmen.

! Die Kapitalbeschaffung funktioniert in der Regel nicht ohne zusätzliche persönliche Sicherheiten der Gesellschafter. Eine Finanzierung des Haftungskapitals kommt ohne Sicherheiten in aller Regel überhaupt nicht in Betracht.

Eine GmbH kann durch eine Person oder mehrere Personen zu jedem gesetzlich zulässigen Zweck gegründet werden. Dazu ist der Abschluss eines Gesellschaftsvertrags (Satzung) nötig, der von jedem Gesellschafter unterschrieben ist oder bei einer Gründung durch nur eine Person eine einseitige Errichtungserklärung. Beides bedarf der notariellen Beurkundung.

Der Gesellschaftsvertrag muss mindestens enthalten:

- Firma und den Sitz der Gesellschaft
- Gegenstand des Unternehmens
- Betrag des Stammkapitals
- Zahl und Nennbeträge der Geschäftsanteile, die jeder Gesellschafter gegen Einlage auf das Stammkapital (Stammeinlage) übernimmt

Die Mindestinhalte decken oft nicht alle wesentlichen Punkte ab, die geregelt werden sollten. Weitergehende Vereinbarungen sind daher oft sinnvoll, um gravierende Lücken zu vermeiden.

Versuchen Sie aber auch, nicht zu viel und nicht jedes Detail zu regeln. Abgesehen davon, dass dies gar nicht möglich ist, verursacht es unnötige Kosten, wenn der Vertrag extern erstellt oder auch nur überprüft werden soll und eine

100 %ige Absicherung gibt es ohnehin nicht. Sind bestimmte Fragen nicht geregelt, greifen im Streitfall die vorhandenen gesetzlichen Regelungen.

Achten Sie darauf, dass Sie riskante Rechtsgeschäfte nicht vor der Eintragung der GmbH in das Handelsregister oder gar vor deren Gründung vornehmen, weil Sie sonst persönlich in die Haftung genommen werden könnten. Dies ist übrigens entgegen der weitverbreiteten Meinung auch nach erfolgter Eintragung möglich – z. B. unter bestimmten Umständen für Steuerschulden.

Als Geschäftsführer einer GmbH ist es daher genauso wichtig wie für jeden Einzelunternehmer, die entscheidenden Rechte und Pflichten zu kennen.

Wenn kein Geld zur Gründung einer GmbH da ist, lassen Sie es bleiben. Ein Einzelunternehmen ist keineswegs die schlechtere Alternative und um Klassen besser als eine GmbH, die schon von Beginn an in finanziellen Schwierigkeiten steckt.

Unternehmergesellschaft

Die GmbH ist eine vergleichsweise beliebte Rechtsform. Vor einigen Jahren hat sie aber durch eine Entscheidung des Europäischen Gerichtshofs, die den Betrieb ausländischer Kapitalgesellschaften auch im Inland erlaubt, spürbare Konkurrenz bekommen, insbesondere durch die sogenannte

„Limited". Sozusagen zur „Rettung der GmbH" wurde daher die Möglichkeit der Unternehmergesellschaft (= UG) (haftungsbeschränkt) geschaffen. Rechtlich ist auch die UG (haftungsbeschränkt) eine GmbH. Im Wesentlichen gelten die rechtlichen Regelungen zur „klassischen GmbH". Geregelt ist die UG in § 5a GmbHG.

Unterschreitet das Stammkapital einer GmbH 25.000 €, muss sie die Bezeichnung „Unternehmergesellschaft (haftungsbeschränkt)" oder „UG (haftungsbeschränkt)" führen. Gründen können Sie eine UG mit einem Stammkapital zwischen 1 € und 24.999 €. Theoretisch. In der Praxis haben Sie ggf. mit nur 1 € Stammkapital mindestens ein Imageproblem und die Gesellschaft ist schon durch die Gründungskosten überschuldet, wenn nicht der Gesellschafter diese Kosten trägt.

Die Bildung von Rücklagen ist Pflicht. Vereinfacht ausgedrückt muss mindestens ein Viertel des Jahresgewinns in die Rücklagen fließen, bis das Mindeststammkapital einer „klassischen GmbH" erreicht ist. Für die UG gibt es gemäß § 2 Abs. 1a GmbHG ein vereinfachtes Gründungsverfahren:

„Die Gesellschaft kann in einem vereinfachten Verfahren gegründet werden, wenn sie höchstens drei Gesellschafter und einen Geschäftsführer hat. Für die Gründung im vereinfachten Verfahren ist das in der Anlage bestimmte Musterprotokoll zu verwenden. Darüber hinaus dürfen keine vom Gesetz abweichenden Bestimmungen getroffen werden …"

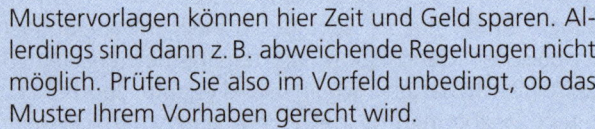

Mustervorlagen können hier Zeit und Geld sparen. Allerdings sind dann z. B. abweichende Regelungen nicht möglich. Prüfen Sie also im Vorfeld unbedingt, ob das Muster Ihrem Vorhaben gerecht wird.

Recht einfach?

In Ihrem Businessplan und auch im privaten wie im geschäftlichen Leben können Sie unmöglich wirklich **alle** relevanten Rechtsvorschriften kennen oder womöglich noch jeweils die neueste Rechtsprechung dazu im Blick haben.

Sie können sich aber über wichtige Rechtsthemen informieren, um rechtlichen Problemen so gut wie möglich vorzubeugen. Die nachfolgenden Punkte können und sollen in Beispielen ein wenig für häufige, mitunter teure, aber vermeidbare Fehler sensibilisieren, die schon im Zusammenhang mit dem Businessplan eine Rolle spielen.

Namensrecht

Wenn Sie Ihren Businessplan im Rahmen einer Existenzgründung schreiben, braucht „das Kind" einen Namen. Als Einzelunternehmer werden Sie Ihr Unternehmen unter Ihrem eigenen Namen führen. Das müssen Sie auch, wenn keine Handelsregistereintragung erfolgen soll oder muss. Fantasienamen sind z. B. nur in Verbindung mit einem Handelsregistereintrag erlaubt.

Gründung eines Getränkemarkts

Der Getränkehändler Paul Pils ist Einzelunternehmer. Sein Unternehmen fordert nach Art und Umfang keinen kaufmännisch eingerichteten Geschäftsbetrieb. Er muss sich auch nicht ins Handelsregister eintragen lassen. Freiwillig könnte er das tun. Dann müsste er aber eine kaufmännische Buchführung einrichten, wovon er aber gar keine Ahnung hat – und noch mehr für den Steuerberater zahlen mag er auch nicht. Es ist alles gut, wie es ist. Nur den Firmennamen

> *würde er gern ändern. „Paul Pils Getränkehandel" – ständig*
> *muss der Inhaber erklären, dass er wirklich so heißt. Herr Pils*
> *denkt sich: „Schöner wäre ein Firmenname wie 'All you can*
> *drink-Company' oder so etwas Ähnliches."*
>
> *Das ist nicht möglich, wenn und solange er ohne Handels-*
> *registereintrag als Einzelunternehmer firmiert. Das geht nur*
> *unter seinem Namen, z. B. ergänzt um einen Hinweis auf*
> *sein Gewerbe wie hier im Beispiel auf den Getränkehandel.*

Das Beispiel zeigt, dass schon bei der Namensfindung einiges abzuwägen ist. Was ist wichtiger? Ein werbewirksamer Name oder möglichst geringe Kosten und wenig Bürokratie? Das ist nur eine der Fragen, die sich in diesem Zusammenhang stellen.

Sehr schnell kommen Sie auch mit dem Markenrecht und/oder dem Wettbewerbsrecht in Berührung. In beiden Bereichen können rechtliche Probleme aufgrund der oft hohen Streitwerte sehr schnell sehr teuer werden. Ob diese Streitwerte immer angemessen sind, ist eine Frage, deren Überprüfung allein schon teuer werden kann.

Sowohl handelsrechtlich als auch wettbewerbsrechtlich ist zum Beispiel Vorsicht geboten bei möglicher „Irreführung". Schon Firmennamen können irreführend sein oder als irreführend eingestuft werden. Das ist nicht nur ärgerlich, weil ein solcher Name sich ja etablieren und langfristig Bestand haben soll. Das kann auch erhebliche Kosten verursachen – von dem Ärger, den Nerven und dem Zeitaufwand einmal ganz abgesehen.

Häufig soll der Firmenname Eindruck beim potenziellen Kunden machen und einen größeren geschäftlichen Umfang suggerieren, als tatsächlich vorhanden ist. Der Wunsch ist legitim, aber erstens haben Sie das nicht nötig: Seien Sie authentisch – das ist nicht nur gut genug, sondern das Beste. Zweitens bringt ein solcher Wunsch auch fast immer rechtliche Probleme mit sich, eben weil eine Irreführung ja gerade vorprogrammiert ist.

Vieles in dem Zusammenhang sind Einzelfallentscheidungen und pauschal kann man kaum sagen, was verboten und was erlaubt ist.

Passen Sie aber besonders gut auf bei:

- Betriebsbezeichnungen
- geografischen Angaben
- akademischen Graden/Titeln
- geschützten Bezeichnungen
- wissenschaftlichem Charakter
- amtlichem Charakter
- Spezialisierungen

Beispiele für irreführende Betriebsbezeichnungen

Bedenkliche Betriebsbezeichnungen könnten z. B. Begriffe wie „Haus", „Fabrik" oder „Werk" sein. „Haus" als Namensbestandteil könnte ein im Vergleich zu den Wettbewerbern am Ort größeres und bedeutenderes Geschäft suggerieren (z. B. Haus der Düfte). Wenn das Geschäft tatsächlich so groß und bedeutend ist, darf auch ein solcher Name geführt werden. Andernfalls könnte aber eine Irreführung vorliegen. Weist ein Zusatz „Haus" allerdings auf eine be-

stimmte Spezialisierung hin, wie z. B. bei Schuhhaus, ist das unproblematisch.

Neben Berufsbezeichnungen und Titeln sind auch bestimmte Zusätze geschützt, die Sie nicht ohne Weiteres in Ihren Firmennamen integrieren dürfen wie z. B. „Bank" oder „Invest". Unproblematisch dagegen: „Datenbank" oder „Holzbank".

Eine Irreführung könnte auch vorliegen, wenn die sogenannten „angesprochenen Verkehrskreise" hinter Ihrem Unternehmen aufgrund der Bezeichnung eine öffentliche, vielleicht wissenschaftliche Einrichtung vermuten können. Achtung bei Begriffen wie: „Institut" oder „Akademie". Gebräuchliche Bezeichnungen wie z. B. „Heiratsinstitut" sind dagegen unproblematisch. Hier dürfte niemand ernsthaft eine wissenschaftliche Einrichtung vermuten.

Vorsicht auch bei Begriffen wie: „Stadt", „Staat", „Land", „öffentlich", „Kammer" oder „Anstalt". Das könnte eine Nähe zu öffentlichen Einrichtungen oder dem Staat suggerieren. Ist diese nicht gegeben, könnte Ihrer Betriebsbezeichnung schnell „Irreführung" vorgeworfen werden.

Markenrecht

Das Markenrecht kommt bei der Namensfindung von Unternehmen, aber auch von Produkten und zusätzlich im Zusammenhang mit Ihrem Marketing ins Spiel.

Vieles ist schutzfähig wie z. B. Namen, ein Logo etwa als Wort-Bild-Marke mit einer bestimmten Farbkombination, eine Slogan, ein Jingle oder eine geografische Herkunftsangabe. Der Mercedes-Stern ist z. B. eine geschützte Marke, aber auch das Lübecker Marzipan oder der Haribo-Goldbär.

Die Möglichkeiten des Schutzes sind vielfältig. Die Möglichkeiten, mit dem Markenrecht in Konflikt zu geraten, nicht minder. Überprüfen Sie daher immer zuerst, ob der geplante Name Ihres Unternehmens schon existiert, ob er besonders geschützt ist und ob die Nutzung Rechte Dritter verletzen würde. Recherchieren Sie vor der Entscheidung für einen Namen zumindest sorgfältig im Internet.

Sicherer sind Sie, wenn Sie z. B. eine Markenrecherche beim Deutschen Patent- und Markenamt durchführen oder einen der zahlreichen Anbieter damit beauftragen. Absolute Sicherheit werden Sie aber kaum bekommen. Sie können „nur" offensichtliche Verstöße bestmöglich vermeiden.

Vielleicht möchten Sie Ihren eigenen Firmennamen, das Logo etc. als Marke schützen lassen? Hier hilft das Deutsche Patent- und Markenamt mit vielen Informationen auf seiner Homepage weiter.

Die Gebühren für die Online-Anmeldung einer Marke liegen aktuell bei 290 € (Stand April 2015). Der Schutz gilt zunächst für zehn Jahre.

Wettbewerbsrecht und „Internetrecht"

Um es gleich vorwegzunehmen: „Internetrecht" gibt es nicht – zumindest nicht im Sinne eines eigenen Internetgesetzbuchs o. Ä. Allerdings gibt es unzählige Fragen, Problembereiche und potenzielle Gefahrenquellen im Internet – Sie können sich hier leicht rechtlich angreifbar machen.

Alle Fragen rund um das Wettbewerbsrecht zählen dazu. Das Wettbewerbsrecht an sich ist schon schwierig und gleichzeitig für jeden Unternehmer wichtig. Sie kommen im Zusammenhang mit Ihrem Außenauftritt, Ihrer Werbung und Öffentlichkeitsarbeit damit in Berührung – evtl. schon mit Ihrem Firmennamen, wie Sie oben gesehen haben.

Im Internet kommt erschwerend hinzu: Es ist ein Leichtes, vermeintliche oder tatsächliche Wettbewerbsverstöße zu entdecken und abzumahnen. Es gibt Anwälte, die das als lukratives Geschäft nutzen – nicht immer rechtmäßig, aber das Problem haben erst einmal Sie, wenn die Abmahnung im Briefkasten liegt.

Darum ist es ganz wichtig, sich sorgfältig zu informieren und ein Gespür dafür zu entwickeln, wo Probleme auftreten könnten.

Hier alle Fragen zu beantworten würde den Rahmen dieses Büchleins sprengen, darum nur einige Beispiele und die Empfehlung:

> **!** Unterschätzen Sie mögliche Probleme nicht und informieren sich gut rund um das Wettbewerbsrecht (UWG = Gesetz gegen unlauteren Wettbewerb) und (auch) alle Fragen im Zusammenhang mit dem Internet (z. B. Impressumspflicht).

Psychologischer Kaufzwang

Das Gesetz gegen unlauteren Wettbewerb will Menschen unter anderem gegen psychologischen Kaufzwang schützen. Ein Kunde soll seine Kaufentscheidung frei treffen können und sich nicht etwa zu einem Kauf „verpflichtet fühlen". Das aber könnte der Fall sein, wenn er in ein Geschäft geht, um an einem Gewinnspiel teilzunehmen oder einen Gewinn abzuholen. Vielen Menschen ist das zu peinlich und sie kaufen (nur deshalb) etwas.

Ob tatsächlich ein solcher „Kaufzwang" vorliegt, ist immer eine Einzelfallentscheidung – unter Beachtung der Gesamtumstände. Bei Gewinnspielen ist aber auf jeden Fall Vorsicht geboten.

Übertriebenes Anlocken

Bei Gewinnspielen besteht auch die Gefahr, dass Menschen sich z. B. von Geldpreisen oder besonders attraktiven Gewinnen „magisch angezogen" (übertrieben angelockt) fühlen, dass sie ihre Kaufentscheidungen gar nicht mehr sachlich abwägen (können). Das ist nicht etwa „deren Problem", wie man bei mündigen Verbrauchern annehmen könnte, sondern es ist unter Umständen Ihr Problem als Unternehmer wegen eines Wettbewerbsverstoßes.

Vorsicht gilt auch bei:

- „reduzierten Preisen", „Schnäppchen", wenn Sie vorher ernsthaft gar keinen höheren Preis verlangt haben oder anderen

- „Lockvogel-Angeboten", die z. B. Kunden in den Laden mit einem sehr günstigen Artikel locken sollen, der nur in sehr geringer Anzahl vorhanden ist

- Preisangaben im Internet (diese müssen für Endverbraucher auch den Endpreis ausweisen inkl. Mehrwertsteuer und aller Preisbestandteile wie z. B. Porto)

- belästigender Werbung ohne Zustimmung (z. B. per Fax, E-Mail, Telefon aber auch per Post)

Diese Aufzählung ist nicht abschließend könnte fast endlos fortgeführt werden.

> **!** Informieren Sie sich im Vorfeld, ob Ihre Öffentlichkeits-
> arbeit und Ihre Marketingmaßnahmen voraussichtlich
> rechtlich einwandfrei sind. Manchmal erfährt man das
> erst im Zuge eines Rechtsstreits. Man kann aber vor-
> beugend viel tun. Sie können sich im Internet infor-
> mieren. Die größeren Industrie- und Handelskammern
> beschäftigen auch Juristen, die etwa im Rahmen einer
> Gründungsberatung zumindest ein wenig weiterhel-
> fen können, ohne dass Sie Ihr meist knappes Budget
> belasten müssen.

Auf den Punkt gebracht

Jedes Vorhaben birgt rechtliche Risiken und es gibt nie
100 %ige Rechtssicherheit. Entscheidend ist, dass Sie sich
gründlich informieren und zumindest die kostenfreien Beratungsangebote nutzen, um die wichtigsten rechtlichen
Aspekte zu berücksichtigen und existenzielle Risiken zu
vermeiden.

---

8. Teil: Chancen, Risiken, Zukunftsaussichten

Dieser Teil Ihres Businessplans beschäftigt sich mit den Chancen, Risiken und Zukunftsaussichten Ihres Vorhabens. Was
können Sie an dieser Stelle schreiben? Am besten ist es

natürlich, wenn Sie hier zusammenfassend sinngemäß Folgendes formulieren und glaubwürdig untermauern können: Die Chancen sind groß – die Risiken klein und kalkulierbar und die Zukunftsaussichten rosig (oder wenigstens gut).

Die Chancen und Zukunftsaussichten spiegeln sich schon in Ihren Planzahlen wider. Hier reicht es, wenn Sie noch einmal kurz beschreiben, welche Chancen Sie nutzen wollen. Mindestens mittelfristig muss das Vorhaben rentabel sein. Auch das sollte nachvollziehbar aus den Planzahlen hervorgehen. Dann sind die Zukunftsaussichten nicht weiter erklärungsbedürftig.

Bleiben die Risiken – zwei häufige Frage in diesem Zusammenhang sind:

- „Soll ich die Risiken wirklich in den Businessplan schreiben?"

- „Gefährdet das nicht die Finanzierung?"

Es gibt kein risikofreies Vorhaben und die Risiken gehören auf jeden Fall in den Businessplan. Das Benennen gefährdet nicht die Finanzierung. Im Gegenteil! Das Verschweigen von Risiken vermittelt den Eindruck, dass Sie diese gar nicht erkennen und somit auch keine Strategien zum Umgang mit Risiken entwickelt haben.

Schlimmstenfalls gefährden existenzielle Risiken den Bestand Ihres Unternehmens (und damit auch die Bedienbarkeit eines Darlehens). Das darf nicht sein. Sie können die Risiken vielfach nicht ausschließen, aber Sie können sich z. B. angemessen versichern – zumindest was die existenziellen Risiken angeht wie z. B. Haftpflichtschäden, Berufsunfähigkeit, Unfälle, Umweltschäden etc.

Im Übrigen brauchen Sie geeignete Strategien zum Umgang mit Risiken, z. B. für den Fall, dass Sie als Unternehmer krankheitsbedingt ausfallen. Wenn Sie allein arbeiten, ist das schwierig zu lösen, aber auch hier können Sie sich versichern und zumindest versuchen, eine Vertretung sicherzustellen – etwa durch eine Kooperation mit einem anderen vertrauenswürdigen Unternehmer und gegenseitige Vertretung.

Benennen Sie die wichtigsten Risiken und beschreiben Sie, wie Sie damit umgehen wollen. Das ist alles aber auch gleichzeitig das Beste, was Sie tun können.

Auf den Punkt gebracht

Stellen sie in diesem Teil Ihres Businessplans auf Grundlage der Planzahlen dar, dass sich Ihr Unternehmen bald rechnen wird (wenn es denn so ist – Schönrechnen hilft nicht!). Gehen Sie mit eventuellen Risiken offen um: Beschreiben Sie sie und entwickeln Sie Lösungsmöglichkeiten.

Der Zahlenteil Ihres Businessplans

Der Zahlenteil des Businessplans ist für viele Gründer und Unternehmer der schwierigste Teil. Grund genug, es sich nicht unnötig schwer zu machen und mit den relativ einfachen Planzahlen zu beginnen.

Insgesamt führt an den Zahlenwerken kein Weg vorbei, aber Zahlenwerke sind keine Hexenwerke. Zur Finanzierung Ihres Vorhabens brauchen Sie eine bestmögliche Planungssicherheit.

Sie müssen wissen, was Sie brauchen und woher Sie es bekommen. Das liest sich banal. Tatsächlich gibt es rund um die Finanzierung immer wieder größte Probleme. Wenn Sie z. B. ein Darlehen beantragen und sich später herausstellt, dass der Darlehensbetrag nicht ausreicht, kann das ganz schnell das „Aus" für ein Vorhaben bedeuten. Nachfinanzieren funktioniert meist nicht. Übrigens: Nach einer Sonderauswertung des KfW/ZEW-Gründungspanels unterschätzen rund 70 % der Gründer ihren Finanzierungsbedarf. Ist der Darlehensbetrag andererseits allzu großzügig bemessen, belasten die (zu) hohen Zinszahlungen das Ergebnis unnötig oder der Darlehensantrag wird gleich abgelehnt.

Auf der anderen Seite kann niemand einen exakten Finanzierungsbedarf ermitteln. Es gibt immer Unvorhersehbares im positiven wie im negativen Sinne. In der Praxis werden die Umsätze bei Neugründungen sehr oft zu optimistisch geschätzt mit der Folge einer Finanzierungslücke. Das Ganze ist nicht so einfach und banal, wie es sich zunächst liest. Eine sorgfältige Planung ist aber zu bewältigen und mehr als sorgfältig zu planen, kann niemand tun. Weniger sollte aber auch niemand tun.

Die folgenden Übersichten sollen Ihnen dabei helfen, nichts Wesentliches zu vergessen und eine solide Finanzierung auf die Beine zu stellen.

9. Teil: Ihr privater Finanzbedarf

Ermitteln Sie zuerst die Kosten für Ihren Lebensunterhalt. Vielleicht können Sie die Summe „aus dem Stand" nennen. Viele Gründer müssen sich aber zunächst einen Überblick verschaffen, um einschätzen zu können, wie viel „Unternehmerlohn" das Vorhaben denn mindestens einbringen muss, damit sie davon den Lebensunterhalt finanzieren können.

Privatentnahmen		
1. Privatausgaben		
	Monat	Jahr
Miete bzw. Zins und Tilgung f. Eigentum		0
Nebenkosten (Strom, Heizung, Müllabfuhr etc.)		0
Kosten des täglichen Bedarfs (Essen, Trinken, Kleidung)		0
Freizeit (Hobby, Vereinsmitgliedschaften, Ausflüge …)		0
Kommunikation/Medien (Telefon, Internet, TV, Radio)		0
Kfz-Kosten (privat)/Mobilität (öffentl. Verkehrsmittel)		0

Sachversicherungen (Haftpflicht-, Hausrat-, Rechtsschutz etc.)		0
Altersvorsorge (Renten-, Lebens-, Berufsunfähigkeitsvers.)		0
Kranken- und Pflegeversicherung		0
Arbeitslosenversicherung		
Kinderbetreuung		0
Unterhaltszahlungen		0
Zins- und Tilgungsverpflichtungen		0
Rücklagen (Urlaub, Reparaturen, Ausbildung der Kinder …)		0
Rücklagen Einkommensteuer (ca. 1/3 des Einkommens)		0
Sonstiges		0
Summe	0	0

2. Privateinnahmen		
	Monat	Jahr
Nettogehalt Lebenspartner/in		0
Kindergeld, Erziehungsgeld		0
Unterhalt, Rente		0
Einkommen aus Vermietung und Verpachtung		0
Einkommen aus Kapitalerträgen		0
sonstige Einkünfte		0
Summe	0	0

Privatausgaben insgesamt	0	0
Privateinnahmen insgesamt	0	0
= **notwendige Privatentnahmen**	0	0

| abzgl. evtl. Zuschüsse zur Gründung (Gründungszuschuss/ Einstiegsgeld) | | 0 |
| = **notwendige Entnahme** (bis Ende des Förderzeitraums) | 0 | 0 |

Auf den Punkt gebracht

Schätzen Sie Ihre privaten Bedürfnisse realistisch ein. Die Tabelle hilft Ihnen dabei.

10. Teil: Der Rentabilitätsplan

Der Rentabilitätsplan soll nachvollziehbar aufzeigen, wie rentabel das Vorhaben voraussichtlich sein wird. Mitunter muss man an dieser Stelle erkennen, dass eine Rentabilität in absehbarer Zeit voraussichtlich gar nicht gegeben sein wird. Das ist enttäuschend, wenn man bis dahin schon viel Zeit, Energie und vielleicht auch Geld investiert hat. Es ist aber besser, diese Erkenntnis noch im Planungsprozess zu gewinnen als erst später oder sogar zu spät – nur so kann man existenzielle Schäden abzuwenden.

!

„Schönrechnen" hilft nicht. Versuchen Sie, die Zahlen so realistisch und sorgfältig wie möglich nach dem Vorsichtsprinzip zu planen. Setzen Sie Ihre Kosten lieber zu hoch als zu niedrig an – mit einem zusätzlichen „Puffer" für Unvorhergesehenes und Unvorhersehbares. Planen Sie Ihre Umsätze dagegen eher zu niedrig.

Umsätze bleiben in der Praxis gerade zu Beginn oft deutlich hinter den Erwartungen zurück. Wenn das zu Liquiditätsproblemen führt, bedeutet das häufig ein schnelles „Aus", auch wenn die Perspektive für das Vorhaben auf längere Sicht gut ist.

Rentabilitätsplan	1. Quartal	2. Quartal	3. Quartal	4. Quartal	1. Jahr	2. Jahr	3. Jahr
Kerngeschäft							
Weiterer Umsatz							
Summe Umsatzplanung	0	0	0	0	0	0	0

	1. Quartal	2. Quartal	3. Quartal	4. Quartal	1. Jahr	2. Jahr	3. Jahr
Kerngeschäft							
Weiterer Einsatz							
Summe Material-/Waren-einsatz	0	0	0	0	0	0	0

	1. Quartal	2. Quartal	3. Quartal	4. Quartal	1. Jahr	2. Jahr	3. Jahr
Personal							
Sozialabgaben/Personalneben-kosten							
Raumkosten inkl. Nebenkosten							
Instandhaltung, Wartung, Reparaturen							
KfZ-Kosten							
Büro (Telefon, Büromaterial, Porto …)							
Werbung							
Reisekosten							
Versicherungen, Beiträge							
Beratungskosten							

Sonstige externe Dienstleistungen							
Zinsen							
Abschreibungen							
Leasing							
Fortbildungskosten							
sonstige Kosten							
Summe Kosten	0	0	0	0	0	0	0

0	0	0	0	0	0	0

Auf den Punkt gebracht

Auch beim Rentabilitätsplan gilt: Bleiben Sie realistisch. Nur so können Sie Risiken rechtzeitig erkennen und gegensteuern.

11. Teil: Der Liquiditätsplan

Der Liquiditätsplan kostet oft die meiste Zeit und Mühe. Es ist aufwendig, für jeden Monat möglichst zutreffend die laufenden Einzahlungen und Auszahlungen zu ermitteln, besonders wenn Sie später die Mehrwertsteuer ausweisen und vorsteuerabzugsberechtigt sind. Dann müssen diese Positionen mit berücksichtigt werden. Die Mehrwertsteuer führen Sie aber nicht in dem Monat ab, in dem Sie diese vom Kunden kassiert haben, und die Vorsteuer bekommen Sie auch nicht in dem Monat erstattet, in dem sie angefallen ist. Außerdem müssen Zahlungstermine und Fristen beachtet werden. Vielleicht werden z. B. Jahresbeträge für Versicherungen im März fällig, während diese Positionen in den anderen Monaten nicht auftauchen. Im betreffenden Monat muss dann aber natürlich genug Liquidität vorhanden sein, um die fälligen Beträge zahlen zu können.

So aufwendig das Erstellen eines Liquiditätsplans sein kann, so wichtig ist es aber auch.

Die planerische und realistische Rentabilität des Vorhabens hilft Ihnen nichts, wenn Sie z. B. schon nach wenigen Monaten aufgrund von Liquiditätsproblemen zahlungsunfähig sind. Wenn Sie z. B. im Handel tätig sind und Ihren Hauptumsatz im Weihnachtsgeschäft machen, muss natürlich auch in der übrigen Zeit genug Geld vorhanden sein, um wirtschaftlich „über die Runden" zu kommen. Der notwendige Betrag kann aber möglicherweise nicht direkt im ersten Jahr erwirtschaftet werden und müsste dann also mitfinanziert werden.

Der Liquiditätsplan soll solche Bedarfe aufzeigen und dabei helfen, jederzeit Liquidität sicherzustellen.

Liquiditätsplan												
	Monat 1	Monat 2	Monat 3	Monat 4	Monat 5	Monat 6	Monat 7	Monat 8	Monat 9	Monat 10	Monat 11	Monat 12	1. Jahr
Kerngeschäft (netto)													0
Weitere Bereiche (netto)													0

Umsatzsteuer													0
Kreditaufnahme/ Eigenkapital													0
sonst. Einzahlungen (Zuschüsse, Vorsteuererstattung)													0
Summe Einzahlungen	**0**	**0**	**0**	**0**	**0**	**0**	**0**	**0**	**0**	**0**	**0**	**0**	**0**

	Monat 1	Monat 2	Monat 3	Monat 4	Monat 5	Monat 6	Monat 7	Monat 8	Monat 9	Monat 10	Monat 11	Monat 12	1. Jahr
Materialeinsatz Kerngeschäft													0
Materialeinsatz weitere Bereiche													0
Sozialabgaben/Personalnebenkosten													0
Raumkosten inkl. Nebenkosten													0
Instandhaltung, Wartung, Reparaturen													0

Kfz-Kosten														0
Büro (Telefon, Büromaterial, Porto …)														0
Werbung														0
Reisekosten														0
Versicherungen, Beiträge														0
Beratungskosten														0
Sonstige externe Dienstleistungen														0
Zinsen														0
Abschreibungen														0
Leasing														0
Fortbildungskosten														0
Sonstige Kosten														0
Investitionen														0
Tilgung														
Gründungskosten														0
Privatentnahmen														0
Abzuführende Umsatzsteuer														0

Sonstige Aus-zahlungen													0
Summe Aus-zahlungen	0	0	0	0	0	0	0	0	0	0	0	0	0
Überschuss/ Fehlbetrag		0	0	0	0	0	0	0	0	0	0	0	

Auf den Punkt gebracht

Der Liquiditätsplan kann finanzielle Engpässe aufzeigen – und er kann damit helfen, diese Engpässe zu vermeiden. Rentabilität allein ist nicht genug. Sie brauchen auch zu jeder Zeit Liquidität.

12. Teil: Kapitalbedarf und Finanzierung

Ihren Kapitalbedarf und die Möglichkeiten der Finanzierung stellen Sie am besten in Form des folgenden Plans dar. Dieser Kapitalbedarfs- und Finanzierungsplan soll zeigen, wie viel Geld Sie brauchen und woher dieses Geld kommen soll. Anders formuliert: Was haben Sie mit dem benötigten Kapital vor (Mittelherkunft und Mittelverwendung)?

Kapitalbedarfs- und Finanzierungsplan	
Mittelverwendung	
Anlagevermögen	€
Grundstücke, Gebäude (Kauf)	
Maschinen, Geräte, Werkzeuge	

Rechte, Lizenzen, Firmenwert bei Übernahme	
EDV (Hard- und Software)	
Bürokommunikation (Telefon, Fax, Kopierer …)	
Einrichtung (Büro, Laden, Lager …)	
Kfz	
Sonstiges	
Summe	0
Umlaufvermögen, Betriebsmittel …	€
Renovierung, Umbau, Erweiterung	
Warenerstausstattung	
Beratung (Unternehmens-, Steuer-, Rechtsberatung)	
Anlaufkosten (Betriebskosten für mind. drei Monate)	
Vorfinanzierung von Aufträgen	
Sonstiges	
Kaution, Makler-Courtage	
Franchisegebühr (nur bei Franchising)	
Markenrecherche z. B. zur Namensfindung	
Anmeldungen, Genehmigungen	
Bürokratiekosten (Notar, Handelsregister …)	
Werbe- und Marketingkosten	
Weiterbildung, Seminare, Fachliteratur	
Sonstiges	
Summe	0
Gesamtbetrag	0

Mittelherkunft	
Eigenkapital	
Barvermögen	
Sacheinlagen	
Summe Eigenkapital	
Fremdkapital	
Förderdarlehen	
Hausbankdarlehen	
Sonstige Darlehen (z. B. Verwandtendarlehen)	
Kontokorrentkredit	
Summe Fremdkapital	

Auf den Punkt gebracht

Mit der Übersicht zu Kapitalbedarf und Finanzierung erhalten Sie schnell einen Überblick, ob Ihre zur Verfügung stehenden Mittel für Ihr Vorhaben ausreichen – oder ob Sie fremdfinanzieren müssen.

Fördermittel und Bankgespräch

Bereiten Sie Ihr Bankgespräch gut vor. Das geht mit wenig Aufwand, wenn Sie Ihren Businessplan (weitgehend) selbstständig erarbeitet haben. Dann werden Sie so fit im Thema sein, dass Sie jede Frage dazu selbstbewusst und schlüssig beantworten können.

Was gar nicht gut ankommt: Der Banker befragt einen potenziellen Darlehensnehmer zu seinen Planzahlen und dieser antwortet: „Dazu kann ich nichts sagen – die hat mein Steuerberater erarbeitet!"

Sorgen Sie dafür, dass Sie gut vorbereitet zu Ihrem Termin gehen und Ihren Businessplan in- und auswendig kennen und erklären können.

Ein professionelles, gepflegtes Auftreten, Pünktlichkeit und Höflichkeit sollten selbstverständlich sein.

Wenn diese Voraussetzungen vorliegen, haben Sie allen Grund, selbstbewusst in das Gespräch zu gehen – als potenzieller Geschäftspartner und keineswegs als Bittsteller.

Sie sollten wissen, was Sie wollen und was nicht. Informieren Sie sich vorher gut über Förderdarlehen und die Konditionen. Nur dann können Sie dem Banker auf Augenhöhe begegnen und die Beratungsqualität einschätzen – diese ist nicht überall gleich.

Denken Sie daran: Es geht um Ihr Geld, um Ihre Zukunft. Sehen Sie genau hin, was Sie letzten Endes unterschreiben und ob Sie die besten Konditionen vereinbart haben, die Sie bekommen konnten.

Besprechen Sie das Thema Finanzierung **vor** dem Bank-
termin mit einer fachkundigen neutralen Stelle wie z. B.
den Starterzentren, Gründerzentren oder Wirtschafts-
förderungsämtern, die solche Beratungsangebote im
Portfolio haben.

Informieren Sie sich über das Thema „Förderdarlehen"
hinaus auch rechtzeitig über eventuelle weitere Fördermöglichkeiten, z. B. bei den oben genannten Stellen.
Das muss unbedingt vor der Umsetzung Ihres Vorhabens geschehen. Es gilt der Grundsatz: Erst beantragen,
dann starten!

Beispiel für Fördermöglichkeiten

*Heike M. ist Hotelfachfrau und möchte nach einer Familien-
pause eine kleine aber gut eingeführte Pension in einer attraktiven Ferienregion in Süddeutschland zunächst pachten
und dann übernehmen. Sie braucht drei Dinge:*

- *einen Businessplan,*

- *ein Darlehen und*

- *eine betriebswirtschaftliche Beratung in der ersten Zeit;
  einen Experten, der ihr mit Rat und Tat zur Seite steht,
  damit alles gut anläuft.*

*Bei einer Erstberatung durch die Wirtschaftsförderung ihrer
Stadt hat Heike M. ein „Starterpaket" erhalten mit Informa-
tionsmaterial und einer Broschüre mit Terminen für kosten-
freie Gründerseminare, z. B. zu den Themen Businessplan,
Steuern und Buchführung.*

Sie hat außerdem von der „Gründungswerkstatt Deutschland" erfahren. Das ist ein Online-Portal auf dem sie mit Hilfe eines so genannten Tutors ihren Businessplan erarbeiten kann:

http://www.gruendungswerkstatt-deutschland.de/

Wer darüber hinausgehende Beratung braucht findet in jedem Bundesland geförderte Möglichkeiten (s. Linktipp Förderdatenbank).

Mit dem fertigen Businessplan vereinbart Heike M. einen Termin bei ihrer Hausbank. Sie hat sich bereits gut informiert und weiß, was sie will: ein Darlehen in Höhe von 70.000 € aus dem Programm „ERP-Gründerkredit – Startgeld". Dieses Programm wird ihren Möglichkeiten und Bedürfnissen am ehesten gerecht. Sie kann zwar Eigenkapital aufbringen – viel ist das aber nicht. Das gewünschte Förderdarlehen kann sie grundsätzlich aber auch sogar ohne Eigenkapital erhalten – vorausgesetzt die Hausbank „spielt mit". Diese muss den Antrag dann an die KfW-Bank weiterleiten. Für Existenzgründer mit wenig oder keinem Eigenkapital ist das Programm eine gute, mitunter die einzige Chance, eine Finanzierung hinzubekommen, weil es mit einer 80%-igen Haftungsfreistellung ausgestattet ist. Das finanzielle Risiko der Hausbank reduziert sich dadurch auf 20%. Der Darlehensnehmer ist natürlich dennoch zur Rückzahlung von 100% der gesamten Summe verpflichtet, hat aber einen leichteren Zugang zu dem Darlehen. Der effektive Jahreszins fängt aktuell bei 2,07% an (abhängig von der Bonität).

Nach erfolgter Gründung plant Heike M. eine geförderte Beratung aus dem Programm „Gründercoaching Deutschland" in Anspruch zu nehmen. Die Beratung soll ihr dabei helfen, in der konkreten Situation die Weichen richtig zu stellen und ihre Abläufe optimal zu organisieren. Dafür bekommt sie einen Zuschuss in Höhe von 50 % der Beratungskosten (max. 2000 €).

Nützliche Links

Allgemeine Informationsquellen

www.existenzgruender.de

www.akademie.de

www.startothek.de

www.gruenderwoche.de

Brancheninformationen

www.berliner-volksbank.de – Suchbegriff: Branchenbriefe

Finanzierung und Fördermittel

www.kfw.de

www.foerderdatenbank.de

Recht (inkl. Musterverträge)

www.uni-muenster.de (Suchbegriff: Internetrecht; hier finden Sie ein 500 Seiten starkes kostenfreies Skript)

www.wettbewerbsrecht.justlaw.de

www.janolaw.de

www.dpma.de

Businessplan (Vorlagen, Muster)

www.kreis-re.de – Suchbegriff: Leitfaden

www.gib.nrw.de – Suchbegriff: Kleiner Geschäftsplan

www.ihk-siegen – Suchbegriff: Beispiel Unternehmenskonzept

www.bmwi-softwarepaket.de

Kontakt zur Autorin

Sandra Bonnemeier – Lösungen finden, statt Probleme wälzen!

www.loesbar.tips

Die Autorin

Sandra Bonnemeier ist u.a. Dipl.-Wirtschaftsjuristin, Betriebswirtin, Personalbetriebswirtin und Fachjournalistin und berät seit mehr als 15 Jahren Existenzgründer und Unternehmer zu betriebswirtschaftlichen Themen in Phasen der Gründung, des Wachstums und in Krisen (die jeder erfolgreiche Unternehmer kennt).

Impressum:
Verlag C. H. Beck im Internet: www.beck.de
ISBN: 978-3-406-68479-1
© 2015 Verlag C. H. Beck oHG
Wilhelmstraße 9, 80801 München
Satz: Fotosatz Buck, Kumhausen
Druck und Bindung: Beltz Bad Langensalza GmbH,
Neustädter Str. 1–4, 99947 Bad Langensalza
Umschlaggestaltung: Ralph Zimmermann – Bureau Parapluie
Umschlagbild: singkham, depositphotos.com
Gedruckt auf säurefreiem, alterungsbeständigem Papier
(hergestellt aus chlorfrei gebleichtem Zellstoff)